QUILO DE CIENCIA

VOLUMEN VIII

(2015)

JORGE LABORDA

QUILO DE CIENCIA

VOLUMEN VIII

(2015)

Artículos de divulgación científica lo más informativos comprensibles y divertidos que un soñador pudo crear

TÍTULO:
Quilo de Ciencia Volumen VIII (2015)

AUTOR:
Jorge Laborda

EDICIÓN Y COORDINACIÓN:
Jorge Laborda

MAQUETACIÓN:
Jorge Laborda

PORTADA:
Jorge Laborda

IMPRESIÓN:
Lulu

ISBN: 978-1-326-52027-4

ÍNDICE

EL CÁNCER ES UNA TÓMBOLA

Algunos cánceres son mucho más frecuentes que otros

CASI A DIARIO nos asombramos con un nuevo avance de la ciencia o de la tecnología que pone a nuestra disposición una inesperada posibilidad de hacer o crear, o una mayor comprensión sobre algún aspecto, en general, muy concreto de la realidad. Son raros, sin embargo, los estudios que ayudan a explicar fenómenos globales, y más raros aun los que ayudan a explicar hechos fundamentales para nuestra vida como, por ejemplo, qué probabilidad tengo yo de morir de cáncer si mi madre murió de esa enfermedad. El estudio que voy a intentar explicar aquí creo que nos ayudará a entender esta última cuestión: avatares de la vida y de la muerte.

Aunque mucho se conoce sobre las causas del cáncer, algunos hechos bien confirmados por repetidas observaciones seguían sin tener explicación. Uno de los más sobresalientes es por qué los distintos tipos de tumores aparecen con tan diferente proporción. Por ejemplo, un 6,9% de las personas sufrirá un cáncer de pulmón, un 0,6% lo sufrirá de cerebro, pero solo un 0,00072% lo sufrirá en el cartílago de la laringe. Algunos cánceres son mucho más frecuentes que otros.

Los científicos han atribuido estas diferencias generalmente a factores ambientales, al tabaco o a la exposición al sol, pero también se han dado cuenta de que eso no lo explica todo. Por ejemplo, mientras todo el tubo digestivo está expuesto a similares agresiones por las potenciales toxinas o carcinógenos que podemos ingerir con los alimentos, las distintas partes del intestino muestran una frecuencia de tumores muy diferente. Así, el cáncer de esófago solo se produce con una frecuencia de 0,51%; el de intestino delgado, de 0,20% y el de estómago, de 0,86%, pero el de colon sucede con una frecuencia de 4,82%.

Otros factores que se han considerado para dar razón a las distintas incidencias de los diversos tumores son los genéticos. En este caso, sin embargo, también nos encontramos con situaciones difíciles de explicar, como cuando mutaciones heredadas en los genes BRCA suelen resultar en cáncer de mama o de ovario, pero no de otros tipos. Igualmente, mutaciones heredadas en el gen denominado APC predisponen a tumores del colon o de intestino delgado, pero los tumores de colon son, de nuevo, mucho más frecuentes. ¿Por qué? Tengamos en cuenta que las mutaciones heredadas se encuentran en todas las células de nuestro cuerpo, y no solo se producen en los tejidos que acaban por desarrollar tumores.

INEVITABLE AZAR

Una vez más, si las hipótesis que invocan factores ambientales y genéticos no pueden explicarlo todo en relación a la incidencia de los distintos tipos de cáncer, es necesario emplear el método científico y explorar nuevas ideas para intentar hallar la causa de lo que sucede. En todo caso, estas deben ser razonables, y estar basadas en el conocimiento que ya se posee sobre Biología y Medicina. Afortunadamente, a medida que el conocimiento avanza, es posible también elaborar nuevas hipótesis inspiradas por él.

Un conocimiento relativamente reciente es el descubrimiento de la existencia de células madre adultas de distintos órganos y tejidos y que estas células madre se dividen a distinta velocidad, según los casos, para sustituir a las células muertas y mantener así el equilibrio vital de cada órgano. Utilizando este conocimiento, los investigadores Cristian Tomassetti y Bert Vogelstein, de la Universidad John Hopkins, EE.UU., idean y analizan una nueva hipótesis que considera si la distinta frecuencia de tumores no estaría relacionada con la velocidad de división de las células madre en diferentes tejidos y órganos.

Es esta una hipótesis razonable, si consideramos que es también conocido que a cada división celular las mutaciones al azar en el ADN son inevitables. A más divisiones, más mutaciones se producirán y, en algunos casos, puede darse la mala suerte de que se produzca una mutación en un gen que acabe por conducir al desarrollo de un cáncer.

Los investigadores analizan los datos ya existentes en la literatura científica sobre el número de divisiones que sufren las células madre a lo largo de la vida en treinta y un órganos o tejidos diferentes y, mediante el empleo de avanzados métodos estadísticos, los comparan con los datos de la frecuencia de aparición de los diferentes tipos de tumores. Los resultados, publicados en el último número de la revista *Science*[1], revelan una fuerte asociación (coeficiente de correlación 0,81) entre el número de divisiones de las células madre y la frecuencia de tumores. En concreto, el número de tumores que pueden explicarse solo por el hecho de que las células madre se dividen y mutan al azar es aproximadamente el 65%, es decir, la gran mayoría.

Basados en estos datos, los investigadores se dan cuenta de que, desde el punto de vista estadístico, existen dos tipos de tumores: aquellos cuya frecuencia de aparición es predicha por el número de divisiones de las células madre, y aquellos cuya frecuencia es incluso superior a la predicha por la división de las células madre. Encuentran así que 22 tipos de tumores pueden atribuirse solo a la mala suerte -sí solo a la mala suerte- de sufrir mutaciones perniciosas que transforman a las células en tumorales. Los otros 9 tipos de tumores pueden atribuirse a la mala suerte aumentada por factores genéticos heredables, y ambientales.

La vida es una tómbola, tom tom tómbola, nos cantaba Marisol hace ya muchos años. En efecto, así parece ser la vida... y también el cáncer.

4 de enero de 2015

---

1 Cristian Tomasetti1, Bert Vogelstein. Variation in cancer risk among tissues can be explained by the number of stem cell divisions. Science, 2 January 2015: Vol. 347 no. 6217 pp. 78-81. DOI: 10.1126/science.1260825

NEUROCIENCIA FUTURISTA

Muchos científicos tienen fe en los logros de la ciencia y en que estos acabarán por transformar para bien las sociedades

CONSIDERO NO EQUIVOCARME al declarar que muchos de los avances de la ciencia aún no han tenido consecuencia alguna para la sociedad. En particular, creo que los avances en neurociencias, salvo para mejorar condiciones de discapacidad o intentar curar enfermedades mentales o neurodegenerativas, han cambiado relativamente poco aspectos fundamentales de la vida social, como la educación o la lucha contra la criminalidad, o incluso contra la corrupción.

Esto es así, en mi opinión, por la sencilla razón de que estos avances son ignorados y, cuando no, voluntariamente dados de lado por quienes gobiernan nuestras sociedades occidentales, con la colaboración de quienes siguen religiosamente empeñados en hacernos creer que el ser humano posee inteligencia y voluntad independientemente de su cuerpo y de su cerebro. Afortunadamente, muchos científicos tienen fe en los logros de la ciencia y en que estos acabarán por transformar para bien las sociedades. Tal vez tarden 100, 200, 400 años, pero las cambiarán.

En este sentido, un interesante artículo en el que se revisan los últimos avances en la imagen anatómica y funcional del cerebro, publicado en la revista *Neuron*[1] por científicos del Instituto Tecnológico de Massachussets y de la Universidad de Harvard, sugiere que estas tecnologías y su perfeccionamiento futuro podrán ser utilizadas para predecir con cierto grado de seguridad importantes factores para la vida de las personas, como,

1 John D.E. Gabrieli et al. Prediction as a Humanitarian and Pragmatic Contribution from Human Cognitive Neuroscience. Neuron, Volume 85(1), p11–26, 7 January 2015. DOI: http://dx.doi.org/10.1016/j.neuron.2014.10.047

por ejemplo, si un niño tendrá o no dificultades para aprender a leer o manejarse con las matemáticas, o si corre riesgo de convertirse en drogadicto o en antisocial, lo que permitiría intervenir a tiempo para evitarlo.

Parece algo difícil de creer, como también difícil de creer fueron, en su momento, la radio, la televisión, o que una mujer pudiera ser astronauta. Sin embargo, la evidencia a favor de que tal logro puede ser posible es actualmente considerable. Y es que son ya muy numerosos los estudios que asocian determinadas características cerebrales con diferentes capacidades cognitivas, o con el desarrollo de habilidades concretas. Por ejemplo, se ha comprobado que un mayor volumen en el área cerebral denominada cuerpo estriado está asociado a una mayor habilidad en los videojuegos. Igualmente, una superior capacidad para aprender vocabulario está asociada con un mayor fascículo arqueado izquierdo cerebral, y diferencias en otras áreas cerebrales están asociadas con la capacidad para aprender otros idiomas, además del materno.

NEUROMARCADORES

Las características cerebrales asociadas con determinadas capacidades reciben el nombre de neuromarcadores. Los neuromarcadores no solo pueden referirse al tamaño de zonas concretas del cerebro, sino también a su mayor o menor funcionamiento. Así, una superior capacidad para distinguir tonos musicales, en variaciones menores que las de la escala musical, está asociada a una mayor activación, no necesariamente a un mayor tamaño, del córtex auditivo.

La investigación sobre los neuromarcadores puede proporcionar importantes beneficios sociales. Los autores del artículo exploran varias posibilidades de desarrollo futuro. Entre ellas, discuten los beneficios que puede tener para la educación determinar los neuromarcadores de cada cual. Por ejemplo, entre el 5% y el 17% de los niños sufren de dislexia, o dificultad para aprender a leer. Medidas de ciertas áreas cerebrales en bebés de tan solo horas o días de vida ya son capaces de predecir con una precisión del 81% (es decir de 100 casos, aciertan en 81) si un niño sufrirá esta dificultad años antes de que se manifieste en la escuela. Evidentemente, este grado de precisión podría aumentarse con el seguimiento de la evolución cerebral de cada niño a lo largo de su desarrollo y educación, lo que podría permitir diseñar programas de aprendizaje específicos para evitar o disminuir la dislexia.

Otra área en la que la investigación sobre neuromarcadores puede ser relevante es la criminalidad. Existen estudios sociológicos que evidencian la pobre capacidad de análisis de los métodos tradicionalmente empleados para predecir la probabilidad de que alguien en libertad provisional vuelva a cometer un delito. A este respecto, numerosas investigaciones de imagen y actividad cerebral han demostrado que modificaciones anatómicas o funcionales en diversas áreas del cerebro aumentan la probabilidad de delinquir. Estudios de la actividad y estructura cerebrales de los delincuentes pueden ser de utilidad para determinar si estos, tras cumplir su condena, pueden ser dejados en libertad sin peligro para los demás, así como tal vez para elaborar programas específicos que potencien la actividad de ciertas zonas del cerebro asociadas con una adecuada conducta social.

Los autores también exploran la utilidad de los neuromarcadores para la salud, por ejemplo para determinar el riesgo de abuso del alcohol o las drogas, o de desórdenes alimenticios como la anorexia, de fuerte componente psicológico. Asimismo, los neuromarcadores podrían ser utilizados para determinar la eficacia de tratamientos farmacológicos o conductuales de las enfermedades mentales, entre ellas la depresión o la ansiedad, tratamientos que, de funcionar adecuadamente, deberían ser capaces de restablecer la actividad de las regiones cerebrales afectadas.

Por último, los neuromarcadores podrían ser también utilizados en el distante futuro para identificar a políticos a quienes podamos votar con confianza, a individuos con sensibilidad social, integridad personal, altruismo, y capacidad de gestión inteligente y desinteresada, algo que todas las sociedades hoy necesitan con urgencia para conseguir un gobierno justo, equitativo y eficaz. Esperemos que la ciencia que hoy aún es ficción, mañana se haya convertido en ciencia-realidad.

11 de enero de 2015

EL SÍNDROME DEL ANIMAL DOMÉSTICO

Un rompecabezas científico que lleva más de 150 años sin ser resuelto

SALVO QUE SEAMOS granjeros, o tal vez veterinarios, probablemente desconocemos la existencia del síndrome del animal doméstico. Recordemos que un síndrome es un conjunto de síntomas. En el caso humano, la Medicina ha identificado varios síndromes, algunos de los cuales son, por desgracia, relativamente comunes, como el síndrome de Down, o mongolismo.

El síndrome del animal doméstico fue descubierto nada menos que por el mismísimo Charles Darwin, quien sabía que su teoría de la evolución de las especies necesitaba de otra que explicara la transmisión genética. Para intentar desarrollar esta teoría, Darwin investigó la variación que se producía durante la cría de animales de granja, y se dio cuenta de que, independientemente de la especie a la que pertenecieran, cerdos, vacas, caballos, cabras..., todos manifestaban una serie de características comunes, de síntomas, que no se observaban en los miembros salvajes de su misma especie o en especies relacionadas. Hoy, se sabe sin ninguna duda que estos síntomas incluyen: docilidad, cambios de color en piel o pelo, dientes de menor tamaño, orejas caídas o colas retorcidas, ciclos reproductivos más frecuentes, alteraciones en las hormonas adrenales (estrés) y en los niveles de algunos neurotransmisores, prolongación de la conducta juvenil y, por último, reducción de la talla del cerebro y de algunas regiones particulares del mismo.

La reproducibilidad de este síndrome en prácticamente todas las especies domesticadas supuso un rompecabezas científico que lleva más de

150 años sin ser resuelto. Por supuesto, no han faltado hipótesis para intentar explicarlo. No obstante, la mayoría de las explicaciones se han limitado a una característica concreta y no al conjunto de síntomas. Por ejemplo, la selección realizada por el ser humano permite explicar por qué las vacas domésticas producen más leche o los cerdos producen más carne, pero no permite explicar otras características de la domesticación.

El propio Darwin ya aventuró dos hipótesis para explicar su descubrimiento. La primera era que las mejores condiciones de vida de los animales domésticos, buena alimentación y protección de los depredadores, inducía de algún modo la aparición de los rasgos como adaptación a un nuevo ambiente. Darwin no pudo explicar por qué esta adaptación originaría orejas flácidas o manchas en la piel. No obstante, como todas las buenas hipótesis científicas, esta permitía predecir ciertas cosas, como que los rasgos domésticos se perderían si los animales recuperaban el estado salvaje. No es esto, sin embargo, lo que se observa. Investigaciones recientes han permitido determinar que animales domésticos asilvestrados han mantenido un menor cerebro por hasta cuarenta generaciones. Los cambios de la domesticación no parecen ser fácilmente reversibles.

La segunda explicación de Darwin decía que los rasgos domésticos aparecían por cruces entre distintas razas o especies relacionadas. Aunque los cruces entre razas pueden originar nuevas características, esto no explica por qué estas tendrían que ser similares entre especies tan diversas como los perros, las cabras o los cerdos. A pesar de esto, se han realizado estudios cruzando entre sí diversas razas de animales salvajes, sin que se produzca el síndrome del que hablamos. Así pues, ambas hipótesis de Darwin son falsas.

NUEVA HIPÓTESIS

Los científicos interesados en este fenómeno han realizado estudios experimentales para comprobar que la domesticación de nuevos animales genera este síndrome también en ellos. En 1959, Dimitry Belyaev, en la antigua URSS, inició un programa de domesticación del zorro. Belyaev seleccionó a los ejemplares más dóciles, menos agresivos, y los fue cruzando entre sí. Tras más de 50 años, este programa, dirigido hoy por Lyudmilla Trut, ha generado una variedad de zorros domésticos que se comportan de manera similar a los perros, y ha demostrado que los rasgos de la domesticación pueden aparecer en tan solo unas pocas generaciones.

No obstante, seguimos sin tener una explicación para este fenómeno. Por fortuna, una nueva e interesante hipótesis, publicada en la revista *Genetics*[1] por tres científicos, puede permitir realizar nuevos estudios que finalmente den con la solución. Considerando que el proceso de domesticación selecciona a los animales más dóciles, menos miedosos y agresivos con el ser humano, los investigadores exploran cuál podría ser la causa de este cambio de comportamiento. Sus investigaciones de la literatura científica les permiten proponer que los cambios son probablemente debidos a defectos durante el desarrollo de los embriones.

En particular, estos defectos se concentrarían en la llamada cresta neural, una estructura de los embriones de los mamíferos que, además de dar origen a una parte del sistema nervioso, participa en el desarrollo de la piel (manchas), cartílago y huesos (dientes, orejas, cola), o respuesta al estrés (agresividad y miedo). Por consiguiente, el síndrome de la domesticación podría ser el resultado de la selección de animales con defectos genéticos en la cresta neural, lo que conduciría a conseguir animales más amigables con el ser humano, pero con fallos que afectarían también a otras estructuras corporales, dando origen al síndrome del animal doméstico. Esto también explicaría por qué el síndrome persiste en animales asilvestrados.

Los investigadores indican que su hipótesis permite también hacer algunas predicciones, como por ejemplo que el desarrollo de la cresta neural debe estar alterado en todas las especies domesticadas y que numerosos genes relacionados con él estarán afectados. Será necesario, pues, esperar a la realización de nuevos estudios para confirmar definitivamente o refutar esta interesante hipótesis.

18 de enero de 2015

1 Adam S. Wilkins, Richard W. Wrangham and W. Tecumseh Fitch. The Domestication Syndrome in Mammals: A Unified Explanation Based on Neural Crest Cell Behavior and Genetics. Genetics (2014), Vol. 197, 795–808.

VACUNAS ASESINAS

En ocasiones, la respuesta de nuestras defensas contra un microorganismo es tan intensa que puede acabar con nuestra vida

SI NO ME EQUIVOCO, una idea normalmente tenida por cierta es que si sufrimos una infección, la toma de antibióticos nos curará. Sin embargo, los antibióticos no curan: las que nos curan son nuestras defensas, es decir, nuestro sistema inmune. Sin un buen funcionamiento del mismo, los antibióticos no podrían ayudar a curarnos. Lo que los antibióticos consiguen es matar a muchas bacterias e impedir que estas superen a nuestras defensas, lo cual podría llegar a ocurrir, y ocurría demasiado a menudo antes de que los antibióticos fueran descubiertos.

Otra idea que tal vez también esté extendida es que nuestras defensas siempre van a ayudarnos frente a los terribles microorganismos patógenos del exterior, virus y bacterias, y nunca van a causarnos daño. No obstante, esto tampoco es cierto. En ocasiones, la respuesta de nuestras defensas contra un microorganismo es tan intensa, la inflamación y la fiebre tan altas, que pueden acabar con nuestra vida antes de que el microorganismo tenga tiempo de matarnos. Esto ya se ha comprobado en el caso de ciertas variantes del virus de la gripe, las cuales pueden acabar con la vida de algunos enfermos no porque sean más virulentas de lo normal, porque el virus se reproduzca más eficazmente y sea más difícil de erradicar, sino porque la respuesta de sus defensas frente a él es demasiado intensa y les mata. Igualmente, una exacerbada reacción de ciertas células de las defensas frente a las bacterias, como la de los llamados macrófagos, puede causarnos una sepsis mortal. Y es que podemos morir por el daño colateral que nos causa una excesiva reacción del sistema inmune frente a un microorganismo.

Parece, por tanto, demostrado que nuestro sistema inmune puede causarnos problemas cuando pierde el equilibrio natural que lo mantiene en un estado de eficacia y de control. Son muchos los mecanismos que participan en el mantenimiento de un buen equilibrio de las defensas y muchos, por tanto, los potenciales problemas que podría causar un desequilibrio.

Con estas ideas en mente, investigadores de varias universidades y centros de investigación se proponen averiguar si es posible diseñar una vacuna que pudiera causar una activación desequilibrada del sistema inmunológico. Los investigadores se dijeron que, de ser posible esta vacuna, no solo podría no protegernos del microorganismo contra el que se dirige, sino que podría incluso causar una enfermedad más severa.

VACUNACIÓN SELECTIVA

Es conocido que la defensa equilibrada frente a un ataque viral implica dos tipos de mecanismos de defensa. El primero es la generación de anticuerpos, la cual depende de la activación de las células T de tipo CD4 (conocidas por ser el blanco de acción del virus VIH que causa el SIDA). Las células T CD4 son imprescindibles para dar la orden a los linfocitos B de que se pongan a fabricar anticuerpos contra el virus.

El segundo mecanismo depende de la acción de los linfocitos T de tipo CD8. Estos linfocitos son asesinos en serie que detectan y eliminan sin piedad a las propias células del organismo infectadas por un virus. De este modo, impiden que el virus se reproduzca en su interior y genere más virus que infectarían a otras células, causando un daño mayor. Los linfocitos T CD8 también necesitan de las órdenes de los T CD4, pero solo las siguen si ellos mismos han detectado primero al enemigo.

Basándose en estos hechos y apoyándose en los cada vez más profundos y sólidos conocimientos en Inmunología, los investigadores diseñan una vacuna contra el virus de la coriomeningitis linfocítica, o LCMV. Este virus causa una infección de las membranas que rodean el cerebro, la médula espinal y el fluido cerebroespinal y causa una inflamación que en algunos casos puede llegar a ser mortal. Los científicos diseñan esta vacuna de manera que va a ser identificada como tal solo por los linfocitos T CD4, pero no por los linfocitos T CD8. En esta situación, la vacuna podría generar la activación desequilibrada de los linfocitos T CD4 y la protección de los anticuerpos, pero no de las células T CD8, que no reaccionarán frente a la misma. Los investigadores administran esta vacuna a ratones de laboratorio. ¿Qué sucederá cuando estos se encuentren con el virus?

Para averiguarlo, los científicos infectan a los ratones vacunados con una dosis del virus LCMV que saben causa enfermedad, y también hacen lo mismo con ratones no vacunados. Lo que encuentran es que los ratones no vacunados caen enfermos, como era de esperar, pero los ratones vacunados, en lugar de estar protegidos, también caen enfermos, y de una manera mucho más grave que los no vacunados: más del 90% mueren a causa de una inflamación excesiva causada por la infección, mientras que, al contrario, la mayoría de los ratones no vacunados sobrevive.

Estos descubrimientos, publicados en la revista *Science*[1], demuestran sin lugar a dudas que una estimulación desequilibrada del sistema inmune mediante vacunación no solo no es beneficiosa, sino que resulta perjudicial. Este conocimiento permitirá elaborar vacunas más eficaces y con mejores propiedades protectoras que algunas de las actuales, aunque estas son ya muy seguras y ofrecen una protección frente a la enfermedad sin parangón en la historia de la Medicina.

25 de enero de 2015

1 P. Penaloza-MacMaster et al., Vaccine-elicited CD4 T cells induce immunopathology after chronic LCMV infection, Science, 347:278-82, 2015.

El Antibiótico Irresistible

La OMS ha advertido que la resistencia a los antibióticos es una seria amenaza

El problema de la resistencia bacteriana frente a los antibióticos sigue aumentando en gravedad. Es acuciante la necesidad de descubrir o inventar nuevos antibióticos que suplan a aquellos que la evolución bacteriana durante el siglo XX y lo que va del XXI ha convertido en ineficaces.

La investigación sobre nuevos antibióticos es costosa, y en el mundo en el que estamos encerrados suele llevarse a cabo solo cuando el mercado lo aconseja. Por desgracia, en este caso los consejos del mercado vienen en forma de vidas truncadas. Cada vez se pierden más vidas por culpa de la creciente ineficacia de los antibióticos tradicionales. Estamos por ello inmersos en una crisis silenciosa, pero no menos importante que la ruidosa, una crisis mundial de salud pública. La Organización Mundial de la Salud ha advertido oficialmente que la resistencia a los antibióticos es una seria amenaza ya presente en todas las regiones del mundo y con el potencial de afectar a todos, no importa la edad o el país de residencia. El problema, de hecho, parece finalmente haber alcanzado la importancia suficiente como para hacer rentable su resolución y ganar así dinero, tal vez salvando, de paso, alguna vida colateral.

El descubrimiento de los antibióticos ha tenido un impacto sobre la salud tal vez solo comparable al de las vacunas. Como sabemos, el primer antibiótico que se descubrió fue la penicilina, introducida en el mercado sobre los años 40 del siglo pasado, junto con la estreptomicina. Estos antibióticos permitieron la cura de muchas enfermedades prevalentes en la época. No obstante, frente al ataque que los antibióticos supusieron para las bacterias, estas contraatacaron mediante la adquisición y expansión en sus poblaciones de genes de resistencia, los cuales producen enzimas que degradan a los antibióticos o los expulsan con rapidez del interior de la célula bacteriana. Estos genes provenían de aquellos que ciertas bacterias ya habían desarrollado durante cientos de millones de años de guerra evolutiva entre ellas mismas o con otros organismos, como los hongos. Por ello, pronto se vio la necesidad de ir descubriendo nuevos antibióticos que suplieran a los que ya no resultaban eficaces.

La manera en que se abordó el problema fue intentar cultivar microorganismos en el laboratorio y explorar si algunos producían sustancias capaces de disminuir el crecimiento de las bacterias o matarlas. Debido a que solo el 1% de las especies de microorganismos puede ser cultivado en el laboratorio, este método alcanzó su límite allá por la década de 1960. A partir de esos años la obtención de nuevos antibióticos se abordó por métodos de síntesis química, es decir, se pretendió inventarlos más que descubrirlos, aunque la invención se basaba muchas veces en modificaciones de la estructura química de antibióticos conocidos que pudieran soslayar la resistencia bacteriana. Esta estrategia, sin embargo, no ha tenido demasiado éxito, y no ha generado tantos nuevos antibióticos como era esperable y hubiera sido deseable.

BACTERIAS ICHIP

Las compañías y laboratorios que, a pesar de los costes y riesgos que supone que un nuevo antibiótico resulte inservible tras la adquisición de resistencia por las bacterias, dedican recursos para descubrir nuevos antibióticos se centran hoy en otros métodos. Uno de ellos, llamado metagenómica, consiste en aislar los genes de microorganismos del suelo, no cultivables en el laboratorio, e introducirlos en organismos cultivables, con la esperanza de conseguir así identificar algunos genes que produzcan antibióticos.

Otros métodos han intentado el desarrollo de nuevas fórmulas para conseguir cultivar en el laboratorio una mayor cantidad de especies de microorganismos. Una de estas fórmulas condujo en 2009 a la invención de lo que se llamó el iChip, basado en cientos de cámaras de difusión muy pequeñas en las que solo crece una especie de microorganismo y que intentan imitar las condiciones por las que estos reciben por difusión los factores que permiten su crecimiento en la Naturaleza.

Utilizando esta última tecnología, investigadores de la empresa Novobiotics Pharmaceuticals y la Universidad Northeastern, de Boston, EEUU, son capaces de cultivar alrededor de 10.000 especies de bacterias anteriormente incultivables y analizar la producción de sustancias que pudieran ser útiles como antibióticos. Una sustancia prometedora, producida por una bacteria de tipo Gram negativa del suelo, fue capaz de inhibir el crecimiento de la bacteria Gram positiva *Staphylococcus aureus*, que causa infecciones de la piel o respiratorias, así como envenenamiento alimenticio. Recordemos que las bacterias Gram positivas y negativas se diferencian en la estructura molecular de su pared bacteriana, la cual permite encerrar en su interior los componentes y procesos de la vida, por lo que resulta fundamental para su supervivencia.

Los científicos bautizan a este nuevo antibiótico con el nombre de teixobactina. Los estudios que realizan con él indican que posee actividad contra las bacterias Gram positivas en general. Precisamente, su modo de actuación parece afectar a la formación de la pared bacteriana de este tipo de bacterias.

La administración de este antibiótico a ratones les ayudó a vencer infecciones por *S. aureus* o *Streptococcus penumoniae* sin efectos secundarios aparentes. Además, los esfuerzos por identificar alguna cepa de estas bacterias que pudiera ser ya resistente no dieron resultado, lo que indica que las bacterias no pueden desarrollar fácilmente resistencia frente a él.

Estos resultados, publicados en la revista *Nature*[1], permiten albergar esperanzas de que las bacterias no van a ganar la guerra frente a la ingeniosidad humana, sobre todo si usamos los antibióticos con sabiduría y responsabilidad.

1 de febrero de 2015

---

1 Ling LL, Schneider T, Peoples AJ, Spoering AL, Engels I, Conlon BP et al. A new antibiotic kills pathogens without detectable resistance. Nature 517, 455–459, (22 January 2015).

EL GEN CARPANTA

Los investigadores bautizan a esta nueva hormona con el nombre de limostatina

ME ATREVO A afirmar que si hay una hormona que todo el mundo civilizado conoce, es la insulina. La insulina, secretada por las células beta del páncreas, es producida en respuesta a una subida de los niveles de glucosa en sangre, que se origina cada vez que comemos. La insulina es fundamental para que las células de nuestro cuerpo puedan incorporar muchos de los nutrientes adquiridos en la alimentación que, de otro modo, se acumularían en la sangre sin poder ser incorporados por las células del organismo.

Sin embargo, los animales, durante su evolución, no siempre han contado con alimento de manera continuada. Con frecuencia, han atravesado, y siguen atravesando, periodos de hambruna que ponen en riesgo su supervivencia. Como sucede siempre, aquellos que sean capaces de gestionar mejor esta situación de riesgo y logren sobrevivir, transmitirán con más frecuencia sus genes a las siguientes generaciones.

Por esta razón, hace más de 150 años, el renombrado fisiólogo francés Claude Bernard postuló que al igual que existen genes de hormonas que, como la insulina, funcionan para incorporar los nutrientes a las células, deberían existir también genes de hormonas para limitar esta incorporación, de manera que en situaciones de hambruna se pudieran repartir los escasos nutrientes entre todas las células del cuerpo, evitando que algunas los acapararan todos, lo que conduciría a la muerte del organismo.

A pesar de estas razonables ideas, hasta la fecha, no se había estudiado la existencia de una hormona que respondiera al estado de hambruna intensa. Para averiguar finalmente si este tipo de hormona existía o no, investigadores de las universidades de Stanford, en California, y Vanderbilt, en Tennessee, USA, estudian los cambios en el funcionamiento de los genes inducidos por un prolongado periodo de hambruna al que someten a moscas de laboratorio, hambruna superior, en escala mosca, a la sufrida por el famoso personaje Carpanta, creado por el historietista español Escobar hace ya más de medio siglo. Los investigadores se dijeron que si la supervivencia frente a periodos de hambruna había sido determinante durante la evolución, los genes para conseguirla debían haber aparecido temprano en los animales y, por ello, deberían encontrarse conservados desde los insectos al ser humano.

DIOSA DEL HAMBRE

La comparación de los genes que se encontraban apagados en las moscas normalmente alimentadas, pero activos en las moscas "carpantarizadas" reveló uno, en particular, que producía una proteína con características propias de las hormonas. Los investigadores bautizan a esta nueva hormona con el nombre de limostatina, en honor al espíritu griego del hambre, Limos, que curiosamente vuelve a estar de moda estos días también en Grecia. Los antiguos griegos tenían dioses, diosas y espíritus para todo; hoy la troika ha hecho renacer a algunos de los más perversos.

Para comprobar si la limostatina regula la fisiología de la hambruna, los investigadores generan moscas de laboratorio con mutaciones en este gen que impiden la correcta secreción de la hormona. Estas moscas mutantes, alimentadas con normalidad, tienen niveles de insulina anormalmente elevados, lo que conlleva un aumento de las células que almacenan grasas y una disminución de la longevidad: las moscas carentes de limostatina se convierten en obesas y mueren antes.

Los investigadores identifican igualmente las células responsables de la producción de limostatina en las moscas, que resultan ser las células intestinales. Desde ellas, la limostatina se distribuye por el organismo y actúa sobre las células productoras de insulina, que en el caso de la mosca son células cerebrales (las moscas no tienen páncreas). Estas células producen así menor cantidad de insulina.

Como sucede con otras hormonas, la limostatina necesita una proteína receptora que la capte y le permita ejercer sus efectos. Al igual que el receptor de la insulina, el receptor de la limostatina se localiza en la membrana de las células. Los investigadores identifican cuál es el gen que produce esta proteína receptora en las moscas y comparan la secuencia de su ADN a la de los genes humanos conocidos. Encuentran así que el genoma humano posee un gen similar al de este receptor, que había sido bautizado con el nombre de receptor de la neuromedina U. Ya era conocido que esta proteína, que podría ser la limostatina humana, era producida por el cerebro y generaba una serie de efectos fisiológicos, entre los que se encontraba el control del apetito.

Con estos datos, los investigadores estudian si la neuromedina U es producida también por el intestino humano, y encuentran que, en efecto, esto es lo que sucede, como en el caso de la limostatina en las moscas. Para comprobar si la neuromedina U es en efecto la limostatina humana, tratan a células beta del páncreas con esta proteína y comprueban que este tratamiento disminuye la producción de insulina por estas células, como igualmente sucede en el caso de las moscas de laboratorio.

No contentos con esto, los científicos parten en busca de familias humanas genéticamente obesas para ver si alguna de tales familias pudiera poseer alguna mutación que inutilizara la neuromedina U, es decir, la limostatina humana. La suerte les acompaña ya que encuentran una familia de obesos con una mutación que inutiliza el gen de la neuromedina U. Estas personas tienen elevados niveles de insulina en sangre, como era de esperar. Estos extensos estudios, publicados en la revista *Cell Metabolism*[1], añaden un importante conocimiento para poder resolver un día el creciente problema de la obesidad y la diabetes.

8 de febrero de 2015

---

1 Alfa et al., (2015). Suppression of Insulin Production and Secretion by a Decretin Hormone. Cell Metabolism 21, 1–11. February 3. http://dx.doi.org/10.1016/j.cmet.2015.01.006

DESEMPLEO Y SUICIDIO

El paro parece ser una importante causa de suicidio

ESTAMOS FAMILIARIZADOS CON enfermedades y epidemias causadas por microorganismos, como los que causan el ébola, el SIDA, o la gripe y también con enfermedades causadas por malos hábitos, como el exceso de ingesta calórica o la falta de ejercicio físico, que conducen a la obesidad, a la diabetes o a problemas cardiovasculares. Estas enfermedades causan daño y muerte a millones de personas en el mundo, por lo que las autoridades sanitarias intentan tomar las medidas oportunas para evitarlas en la medida de lo posible.

Sin embargo, pocos se dan cuenta, en mi opinión, de que existen otras enfermedades que conllevan riesgo de muerte, las cuales no están causadas ni por microorganismos ni por malos hábitos personales. Estas enfermedades tienen un origen social y su influencia origina problemas mentales y anímicos en las personas que conllevan un elevado riesgo de muerte por suicidio.

Cada año se suicidan alrededor de un millón de personas. En 2012, hubo 3.559 suicidios "oficiales" en España (7,1 por cada 100.000 habitantes), es decir, casi diez suicidios diarios, que los medios de comunicación tratan, en general, con silencio sepulcral, nunca mejor dicho. Como punto de comparación, en 2013 murieron 1.128 personas por accidentes de tráfico en España, muertes de las que cada semana recibimos puntual información, acompañada de los consiguientes consejos de prudencia al volante.

Desconozco la razón de este estado de cosas. Tal vez la explicación resida en el concepto social que tenemos del suicidio, que quizá muchos perciban como resultado de una locura frente a la que poco se puede hacer, o como una opción personal tomada en libertad, la cual debemos respetar.

No obstante, si lo anterior fuera cierto, cabría esperar similares tasas de suicidio en diferentes partes del mundo que, además, serían casi constantes, es decir, el suicidio sería independiente de factores externos a las personas, las cuales se suicidarían o no de acuerdo a imponderables relacionados tal vez con la manera en que su genética afecta a su salud mental o a la manera en que interpreta su vida y el valor que le confiere a esta. Sin embargo, esto no es lo que sucede y cada país sufre una tasa de suicidios diferente. Afortunadamente, España no es, ni mucho menos, el país con mayor tasa de suicidios. En el mundo tenido por desarrollado, este triste record lo ostenta Lituania, con una tasa de suicidios casi cinco veces mayor que la española.

Para intentar comprender por qué la tasa de suicidios varía tanto de unos países a otros, se han llevado a cabo estudios no solo genéticos, sino también sociológicos y psiquiátricos para desvelar los factores que pueden afectarla. El último de estos estudios, publicado por investigadores de la Universidad de Zúrich (Suiza) en la prestigiosa revista médica *The Lancet Psychiatry*[1], desvela que una importante causa del suicidio es el desempleo.

EMPLEO Y VIDA

Evidentemente, la idea de que el desempleo puede afectar a la salud de quienes lo sufren y ser también causa de suicidio no es nueva. Sin embargo, no se habían realizado estudios lo suficientemente amplios y utilizando modelos estadísticos de inferencia que permitieran poder atribuir un valor numérico a la contribución del desempleo sobre la tasa de suicidio a nivel mundial.

Para paliar esta deficiencia, los investigadores analizan los datos recogidos por la Organización Mundial de la Salud sobre las causas de muerte en el mundo, incluido el suicidio, y los datos del Fondo Monetario Internacional sobre la tasa de desempleo desde los años 2000 al 2011, la cual se incrementó sustancialmente a partir de 2008. Utilizando avanzadas técnicas estadísticas, estudian así los 63 países con los datos más completos

1 Modelling suicide and unemployment: a longitudinal analysis covering 63 countries, 2000–11. Dr. Carlos Nordt, PhD et al. The Lancett Psychiatrty, 2015. http://www.thelancet.com/journals/lanpsy/article/PIIS2215-0366%2814%2900118-7/abstract

y fiables al respecto, considerando la información disponible sobre la edad y el sexo de las personas que se suicidaron a lo largo de estos años. Los 63 países son agrupados en cuatro regiones: América, Europa del norte y del oeste, Europa del este y del sur y el resto del mundo, menos China e India, que carecían de datos fiables.

Los investigadores encuentran que, a pesar de existir diferencias entre las distintas regiones, existe una fuerte asociación entre la tasa de desempleo y la tasa de suicidio, es decir, cuando sube la una también lo hace la otra, en todas las regiones del mundo. ¿Cuántos suicidios pueden atribuirse al desempleo? El análisis de los datos revela la preocupante cifra de que nada menos que uno de cada cinco suicidios puede estar motivado por el desempleo. En 2007, antes del inicio de la Gran Recesión, 41.148 suicidios estuvieron causados por el desempleo en todo el mundo, cifra que subió a 46.131 en 2009, lo que indica que el desempleo solo en el inicio de la crisis causó casi 5.000 muertes más por suicidio en 2009 que en 2007. El estudio revela también que hombres y mujeres son igualmente vulnerables a los efectos del desempleo en lo que al suicidio se refiere. Finalmente, los investigadores indican que la tasa de suicidios por desempleo sube más en países en los que el paro es normalmente escaso, ya que en ellos coloca a los nuevos desempleados en una situación infrecuente de exclusión social que puede incitarles con más fuerza a acabar con sus vidas.

Estos son los datos: el paro causa muertes ¿Qué medidas tomaremos ahora para cambiar esta situación? Será responsabilidad de todos tomar las que más adecuadas nos parezca, pero sospecho que estas dependerán de si la sociedad en su conjunto otorga más valor a la vida humana que a las grandes empresas, la bolsa, los bancos y los beneficios financieros en general. Creo que ya conocemos la repuesta.

15 de febrero de 2015

LA FIJACIÓN DE LA VIDA SOBRE LA TIERRA

Lo difícil no parece ser que la vida siga, sino, sobre todo, que la vida aparezca

¿CUÁNDO COMENZÓ LA vida sobre la Tierra? La respuesta a esta pregunta, mucho más sencilla que la de cómo comenzó la vida, es sin embargo aún desconocida. No obstante, sí conocemos que la vida no pudo surgir antes de que los procesos fundamentales para la síntesis de las moléculas que la componen se iniciaran sobre la faz del planeta.

Uno de estos procesos, tal vez el más importante, es la fijación del nitrógeno. Este consiste en la transformación del nitrógeno gaseoso presente en la atmósfera en amoniaco, cianuro o nitritos. Mientras el nitrógeno gaseoso, formado por la unión fuerte de dos átomos de nitrógeno, es relativamente inerte y reacciona muy difícilmente con otros átomos, el nitrógeno en forma de amoniaco, cianuros o nitritos es más reactivo y puede unirse a otros átomos, en particular a átomos de carbono, para dar lugar, entre otras cosas, a los aminoácidos y a las bases nitrogenadas que almacenan la información génica en los ácidos nucleicos. Por esta razón, es evidente que la vida no pudo comenzar antes de que se iniciara el proceso químico de fijación del nitrógeno.

Desde hace muchos millones de años, la fijación del nitrógeno se lleva a cabo por los microorganismos llamados diazótrofos. Estos microrganismos cuentan con enzimas capaces de acelerar las reacciones químicas que rompen los tres enlaces químicos entre los dos átomos del nitrógeno gaseoso. Estas enzimas contienen en su estructura átomos de hierro, vanadio o molibdeno, necesarios para catalizar la reacción. No es preciso incidir en la extrema importancia que estos microorganismos tienen para el mantenimiento de la vida sobre la Tierra.

Ciertamente, antes de la aparición de los diazótrofos la fijación del nitrógeno debía realizarse de manera puramente química. Las reacciones químicas que fijaban nitrógeno podían ser estimuladas por el calor de fuentes geotérmicas, por luz solar de determinadas frecuencias o por descargas eléctricas de las tormentas de la Tierra primitiva. Estos estímulos pudieron permitir la acumulación de moléculas orgánicas que, junto con las aportadas desde el exterior por colisiones con asteroides y cometas, finalmente originaron los primeros organismos vivos. Sin embargo, estos no pudieron progresar mucho sin ser capaces de catalizar la fijación del nitrógeno de manera independiente de los lentos procesos químicos. Fue cuando estos organismos generaron los enzimas catalizadores de la fijación del nitrógeno cuando la vida pudo realmente comenzar a florecer y quedar también fijada sobre la Tierra. ¿Cuándo sucedió este hecho?

MOLIBDENO Y OXÍGENO

Los estudios realizados hasta hoy sugerían que la capacidad de fijación del nitrógeno surgió hace unos 2.000 millones de años, cerca de 1.500 millones de años después de que la vida apareciera sobre la Tierra. Esto implicaba un largo periodo de "crisis del nitrógeno", durante el cual la evolución de la vida dependió de procesos químicos que los seres vivos no podían controlar ni estimular en modo alguno.

Ahora, varios investigadores han analizado con técnicas muy sensibles la composición isotópica del nitrógeno presente en rocas sedimentarias que datan desde hace 2.750 a 3.200 millones de años, localizadas en el norte de Australia y Sudáfrica[1]. Estas rocas son unas de las más antiguas de la Tierra y están muy bien conservadas. Se formaron por sedimentación de depósitos costeros y no han sido modificadas por otros procesos geoquímicos; en particular, durante su formación, no sufrieron cambios causados por la oxidación, ya que por aquel entonces la atmósfera carecía de oxígeno,

1 Eva E. Stüeken, Roger Buick, Bradley M. Guy, Matthew C. Koehler. Isotopic evidence for biological nitrogen fixation by molybdenum-nitrogenase from 3.2 Gyr. Nature, 2015; DOI: http://dx.doi.org/10.1038/nature14180

puesto que la fotosíntesis, el proceso vivo que lo libera a la atmósfera, no se había producido aún en los seres vivos.

El análisis de los diversos átomos de nitrógeno de distinta masa atómica, los llamados isótopos, contenidos en estas rocas indica que su proporción es la esperable si este nitrógeno ha sido fijado por procesos bioquímicos y no solo químicos. Esto implica que los seres vivos ya habían "inventado" hace 3.200 millones de años al menos uno de los genes necesarios para producir un enzima que cataliza la reacción química de fijación del nitrógeno.

Los análisis también sugieren que el primer enzima capaz de realizar la catálisis de la reacción de fijación del nitrógeno contenía molibdeno como átomo catalizador. Este tipo de enzima es el más común de los tres tipos de enzimas fijadores de nitrógeno que existen hoy, lo cual es comprensible porque el molibdeno es liberado de los minerales que lo contienen tras su oxidación por el oxígeno atmosférico, por lo que es fácilmente accesible a los seres vivos. Sin embargo, en ausencia de oxígeno, el molibdeno no es liberado. Por esta razón, los investigadores especulan con la posibilidad de que algún proceso de oxidación generado por los escasos seres vivos que poblaban el planeta pudo acelerar la liberación del molibdeno y permitir así su utilización por los enzimas fijadores del nitrógeno.

Sea lo que fuera lo que sucediera, esos nuevos datos indican que una vez aparecida sobre la Tierra, la vida fue capaz de inventar con rapidez estrategias bioquímicas para su expansión y evolución, y quedó fijada sobre nuestro planeta. Lo difícil, por tanto, no parece ser que la vida siga, sino, sobre todo, que la vida aparezca. Su aparición continúa siendo uno de los misterios más fundamentales de la ciencia.

22 de febrero de 2015

TOPOGRAFÍA CELULAR Y MADRES DEL CÁNCER

Numerosos datos científicos demuestran la importancia del ambiente celular en el comportamiento tumoral

POCO A POCO, la ciencia va clarificando la realidad y determinando tanto cómo son las cosas como por qué son como son. Uno de los campos en los que, afortunadamente, esta clarificación está ayudando a salvar vidas es el cáncer.

En los inicios de la oncología (rama de la Medicina que estudia el cáncer), se creía que los tumores estaban compuestos de clones de células idénticas derivadas de una célula inicial transformada en tumoral. Esta visión no era consistente con el comportamiento de muchos tumores y, hace alrededor de una década, se postuló la existencia de células madre tumorales, las cuales serían diferentes del resto de las que componen el tumor, crecerían mucho más despacio, serían resistentes a la terapia antitumoral y capaces de convertirse en células tumorales hijas y regenerar el tumor tras la quimio o radioterapia. En los últimos años, la existencia de las células madre tumorales ha quedado demostrada.

Igualmente, numerosos datos científicos demuestran la importancia del ambiente celular en el comportamiento tumoral. Incluso si todas las células de un tumor fueran iguales, algunas se encontrarían más cerca de los vasos sanguíneos, y recibirían diferente cantidad de oxígeno, de nutrientes y de otros factores importantes para su crecimiento. Las más lejanas, en cambio, podrían estar protegidas de las células del sistema inmune que abandonan la sangre para luchar contra la progresión tumoral. Sea como sea, el lugar que las células, sean madre o no, ocupan en el tumor, podría ser un factor importante de resistencia o sensibilidad a la terapia antitumoral.

Desde hace algunos años es conocido que un factor que afecta al crecimiento de las células tumorales es el llamado factor transformante tumoral beta (TGF-beta). Este factor, producido por las células normales de los vasos sanguíneos y por los linfocitos, actúa como una hormona y reacciona con receptores que se encuentran en la superficie de las células tumorales. Estos receptores ponen en marcha una serie de mecanismos moleculares que afectan al funcionamiento de los genes y, por tanto, al comportamiento de las células según hayan estas estado expuestas a mayor o menor cantidad de TGF-beta. Puesto que este factor es producido por las células de las paredes de los vasos sanguíneos, la distancia de las células tumorales a dichos vasos aparece como un importante factor que modera su actividad.

POSICIÓN Y METÁSTASIS

Los efectos del TGF-beta son algo contradictorios. Esta proteína inhibe el crecimiento de la mayoría de las células de tipo epitelial (piel y superficies internas), pero en las células tumorales de los tejidos blandos puede favorecer la invasión y las metástasis. La razón de estos efectos opuestos es desconocida. Averiguarla puede ser importante para comprender la dinámica del crecimiento tumoral y la formación de metástasis, y si estas pudieran tener relación con los efectos diferentes del TGF-beta sobre las células madre e hijas tumorales, según su posición en el tumor.

Por estas razones, investigadores de la Universidad Rockefeller y del Instituto de Investigación Howard Hughes, ambos localizados en Nueva York, estudian cómo el TGF-beta afecta a las células madre e hijas de un tipo bastante frecuente de tumor de la piel: el carcinoma de célula escamosa. Los investigadores desarrollan una nueva metodología para ver, en el interior de un tumor que se desarrolla en ratones, las células que son más sensibles al TGF-beta, dónde se sitúan, de qué tipo son, y dónde se ubica su descendencia en el seno del mismo. Se dice pronto.

Lo que encuentran es que las células madre tumorales que se localizan más cerca de los vasos sanguíneos responden a la mayor concentración de TGF-beta creciendo despacio. Las células hijas de estas, sin embargo, se sitúan más lejos de los vasos sanguíneos y crecen más rápido, haciendo aumentar la masa tumoral.

Esta masa tumoral es, no obstante, susceptible de ser eliminada en gran medida por agentes quimioterapéuticos, como el conocido cisplatino, que atacan a las células que se dividen con rapidez, evitando que sinteticen ADN. El tratamiento con esta sustancia reduce los tumores, pero no es capaz de afectar a las células madre que se sitúan cerca de los vasos sanguíneos, debido a que la acción del TGF-beta les frena su reproducción y el cisplatino solo mata a las células que se dividen.

Cuando el tratamiento con cisplatino cesa, las células madre tumorales pueden dar lugar a células hijas y el tumor vuelve a crecer. En este caso, las cosas empeoran, porque las células hijas, aunque se sitúan más lejos de los vasos sanguíneos que las células madre, aumentan generación tras generación su sensibilidad a la acción del TGF-beta. Este factor es ahora capaz, además, de mejorar el metabolismo antioxidante de las células tumorales, lo que no solo las hace más resistentes al cisplatino, sino también a otros fármacos antitumorales. El tumor se hace refractario a la quimioterapia. Por si fuera poco, las nuevas células hijas pueden generar metástasis con más facilidad.

Estos resultados, publicados en la revista *Cell*[1], desvelan una nueva relación entre las células normales de los vasos sanguíneos y las tumorales a través de la generación y la respuesta al TGF-beta, un factor que impide la reproducción de las células normales, pero cuyos efectos vemos ahora que no son los mismos sobre las células tumorales dependiendo de su naturaleza y posición en el tumor. Este nuevo conocimiento puede permitir el desarrollo de estrategias antitumorales más eficaces que se centren en bloquear los efectos del TGF-beta sobre las células madre tumorales.

1 de marzo de 2015

1 Oshimori et al., TGF-beta Promotes Heterogeneity and Drug Resistance in Squamous Cell Carcinoma, Cell (2015), http://dx.doi.org/10.1016/j.cell.2015.01.043

EVOLUCIÓN NATURAL DE LAS RELIGIONES

La religión es una característica propia de nuestra especie

MIENTRAS NUESTRO GOBIERNO se empeña en publicar en el BOE el tipo de dios en el que los españoles deberíamos creer[1], la ciencia continúa imperturbable sus estudios sobre el origen y el papel que las religiones han ejercido en el desarrollo de las sociedades humanas. Es este un tema que, curiosamente, no he visto publicado como objetivo docente en el BOE, por más que pueda ser interesante y educativo.

No cabe duda de que la religión es una característica propia de nuestra especie. Que sepamos, ningún animal cree en dioses ni reza, ni siquiera esos toros enamorados de la Luna que van a ser asesinados en el ruedo. En esa situación, rezar es privilegio exclusivo de los toreros. En cualquier caso, no existe civilización, por primitiva que sea, que no crea en uno o más dioses.

Ante la universalidad de este hecho, algunas mentes se han preguntado por qué. ¿Por qué las creencias en seres sobrenaturales están mundialmente extendidas, aunque no todos crean en el mismo dios o dioses y, de hecho, existan docenas de religiones menores?

Es esta una pregunta científica frente a un hecho incontestable, para la cual, como sucede en todas las ciencias, se han emitido hipótesis que intentan aportar una explicación. Una suposición considerada verosímil por muchos estudiosos es que la amenaza imaginaria de un castigo sobrenatural, infligido por un ser tan poderoso que resulta imposible

1 http://www.boe.es/diario_boe/txt.php?id=BOE-A-2015-1849

engañar, puede limitar el egoísmo y fomentar la colaboración, lo que ha resultado determinante para el desarrollo de las complejas sociedades humanas que hoy disfrutamos y sufrimos, todo al mismo tiempo. De esta manera, las normas morales quedan reforzadas y es menor la proporción de individuos que las infringen.

Los estudios realizados sobre este asunto se han enfocado en su mayoría en la idea de que los efectos sociales de las religiones son eficaces si estas abrazan la creencia en un "Gran Dios Moralizador" (GDM), una deidad todopoderosa que juzgaría sin fallo y castigaría o premiaría sin vacilar a quienes pecaran. Sería esta creencia la que habría precedido el desarrollo de las sociedades social y políticamente complejas, es decir, esta creencia sería en parte causa de este desarrollo. Ciertamente, las sociedades más complejas creen, en general, en un solo dios.

Sin embargo, una hipótesis alternativa mantiene que es también posible que las religiones ejerzan sus efectos sociales mediante la creencia en un castigo sobrenatural infligido por un gran número de dioses menores. Esta hipótesis se denomina la del "Amplio Castigo Sobrenatural" (ACS). Es posible que en los albores de la civilización esta creencia fuera la más extendida y diera lugar más tarde a la creencia en un solo GDM.

PALABRAS Y DIOSES

Un grave problema para intentar averiguar si esto pudo suceder es que la mayoría de las culturas actuales no son independientes y han sufrido influencias unas de otras, también en el ámbito de la religión. Esta interdependencia impide averiguar si la evolución normal de las cosas fue, primero, la creencia en numerosos dioses y luego en uno solo, y también si la creencia en varios dioses está reñida o no con la evolución de la complejidad política y social de las sociedades modernas. Igualmente, es difícil averiguar si la creencia en un GDM sucedió antes o después de que las sociedades alcanzaran un elevado grado de complejidad. Tal vez la creencia en un GDM sea necesaria para el mantenimiento de esa complejidad, pero no para su origen.

Para estudiar la evolución natural de las religiones e intentar esclarecer qué demonios sucedió en los albores de la civilización, varios investigadores australianos y neozelandeses emplean métodos filogenéticos, prestados de las ciencias biológicas, para averiguar la evolución de las religiones en las culturas austronesias, aquellas que pueblan diversas islas del Pacífico y del Índico, desde Madagascar a la isla de Pascua.

Los investigadores estudian alrededor de 400 culturas austronesias diferentes, de las cuales seleccionan a las que poseen informes etnográficos más completos y excluyen a las que han entrado en contacto con religiones monoteístas. De esta manera eligen 96 culturas. La mayoría de estas creen en ACS y solo seis creen en un GDM[2].

Los científicos utilizan los datos adquiridos de los estudios de la relación entre sus lenguajes, es decir, qué lenguajes derivan de otros, para extraer información de su relación evolutiva en el tiempo. Una vez establecida esta relación, los investigadores estudian si las creencias en ACS o GDM han evolucionado a la par con la complejidad social y política. Para ello, investigan si la adquisición de determinados cambios sociales y políticos es dependiente o independiente del tipo de creencias religiosas, es decir, si pueden evolucionar de manera independiente o no los unos de las otras.

El análisis exhaustivo de los datos revela que al parecer las creencias en ACS preceden y son necesarias para el aumento de la complejidad sociopolítica, por lo que pueden ser una de sus causas. Sin embargo, en contra de lo tenido por cierto hasta ahora, la creencia en un GDM es una consecuencia del aumento de la complejidad social, estimulada por las creencias en ACS.

¿Cuál es, entonces, la función de los GDM? De acuerdo a uno de los investigadores, los GDM son herramientas de control utilizadas por las autoridades, civiles y religiosas, para consolidar su poder. Como consecuencia de ello, las creencias en GDM, posteriores a las de ACS, aumentan la estabilidad social.

---

2 Watts J, et al. 2015. Broad supernatural punishment but not moralizing high gods precede the evolution of political complexity in Austronesia. Proc. R. Soc. B 282: 20142556. http://dx.doi.org/10.1098/rspb.2014.2556

La ciencia sigue iluminando al fenómeno religioso. Roguemos a los dioses para que se haga finalmente toda la luz sobre las razones del origen y la función social de las religiones.

8 de marzo de 2015

LA VISTA DE LINCE DE LA CUCARACHA

Es como si generara una foto pixel a pixel en su cerebro

LOS SISTEMAS SENSORIALES son imprescindibles para que los animales puedan sobrevivir en su entorno y reproducirse. De hecho, la adaptación a un entorno ventajoso para alguna especie animal solo es posible mediante la modificación de sus sistemas sensoriales. Esta puede conducir bien a un cambio en la importancia que un determinado sentido adquiere en detrimento de otro, bien, al contrario, en la mejora del sentido al que el nuevo entorno exige una eficacia superior. Por ejemplo, gatos y linces ven muy bien en condiciones de escasa luminosidad y, a diferencia de los murciélagos, no han desarrollado un sentido alternativo para adaptarse a ella, sino que han mejorado su visión nocturna.

Aunque las capacidades de algunos vertebrados son sorprendentes, estas palidecen con frecuencia cuando las comparamos a las capacidades de los insectos, de los que sin duda uno de los más conocidos es la cucaracha. Al margen de ser una de las pocas especies de artrópodos que tiene dedicada una canción para ella sola, estos bichos tienen habilidades que ya quisieran para sí algunos superhéroes o supervillanos. Algunas especies de cucarachas pueden aguantar la respiración por más de 40 minutos, otras pueden sobrevivir a intensas dosis de radiación (de ahí que se diga que tras el holocausto nuclear las cucarachas sobrevivirían), pueden subsistir comiendo papel y pegamento, o vivir durante semanas sin cabeza, lo que, hoy en día, solo está al alcance de algunos partidos políticos.

Las cucarachas suelen habitar lugares muy oscuros y, cuando se ven amenazadas, escapan hacia la oscuridad, lo que les confiere una ventaja solo si son capaces de detectar bajos niveles de intensidad lumínica con alta eficiencia. En efecto, estudios previos al que voy a relatar aquí ya habían determinado que sus omatidios, es decir, los ojos simples que forman el ojo compuesto de muchos insectos, y también de las cucarachas, están adaptados para captar muy poca intensidad de luz.

Sin embargo, seguía sin conocerse cuál era el límite inferior de intensidad de luz que puede detectar cada omatidio de las cucarachas para formar una imagen. Investigadores de la Universidad de Oulu, en Finlandia, sin duda una de las universidades más cercanas al Polo Norte, abordan esta interesante cuestión y realizan un descubrimiento sorprendente.

Antes de explicar lo que descubren y cómo lo hacen, me gustaría detenerme un momento para defender este tipo de investigaciones, que pueden parecer frías y anodinas a muchos. Investigar cómo el sistema nervioso de la cucaracha detecta la luz y la gestiona puede resultar importante, por ejemplo, para desarrollar robots o sistemas de visión nocturna que ayuden a orientarse en las profundidades de una cueva, o de una mina, y faciliten a los seres humanos tareas muy difíciles. Por tanto, estudiar cómo ven las cucarachas en la cuasi oscuridad, además de su interés puramente científico, puede tener importantes repercusiones tecnológicas.

FOTÓN A FOTÓN

Para averiguar la sensibilidad del sistema visual de la cucaracha, los científicos desarrollan un dispositivo de realidad virtual sin gafas (ya que, obviamente, estos insectos no pueden llevarlas con facilidad, al carecer de orejas). El sistema consiste en poner a la cucaracha sobre una bola hueca de plástico fino, similar, aunque más grande, a esas que pueden verse en algunos antiguos dispositivos similares a los ratones de ordenador: las trackbal. Colocada sobre la bola, la cucaracha puede caminar sobre ella haciéndola girar. A una corta distancia alrededor de la bola se coloca una pantalla semiesférica, como si de una pantalla de cine curvada se tratara, sobre la que se proyecta un patrón de bandas luminosas y oscuras que se desplazan por su superficie. Este patrón móvil desencadena una respuesta refleja en la cucaracha que le induce a iniciar la marcha y a dirigirse hacia las bandas. Obviamente, lo único que hace la cucaracha es caminar sobre la bola quedándose en el mismo sitio (ver vídeo).

Para averiguar las respuestas del sistema nervioso de la cucaracha frente a los estímulos luminosos, los investigadores implantan un electrodo en uno de sus omatidios, el cual es capaz de detectar la actividad de las células fotorreceptoras cuando son alcanzadas por los fotones. Los científicos recolectan así datos de la actividad de las células fotorreceptoras en diferentes condiciones luminosas y lo hacen en un total de treinta cucarachas a las que someten al mismo procedimiento.

En ambientes lumínicos similares a los de una noche sin luna, los investigadores descubren que cada omatidio de la cucaracha absorbe un único fotón cada diez segundos, lo cual es realmente muy poca luz. A pesar de esto, aparentemente, las cucarachas ven bien y son capaces de detectar las tenues bandas proyectadas sobre la pantalla y de dirigirse hacia ellas.

El análisis de estos datos permite concluir a los investigadores que el sistema visual de la cucaracha almacena la información lumínica que le va llegando fotón a fotón para generar con ella una imagen a posteriori, es decir, una imagen compuesta de las pequeñas piezas de información que va almacenando con cada fotón. Es como si generara una foto pixel a pixel en su cerebro.

Así pues, sorprendentemente, la cucaracha dispone de su propio dispositivo de realidad virtual. Estos resultados, publicados en la revista *Journal of Experimental Biology*[1], nos revelan una nueva y extraordinaria capacidad de este repelente insecto, que tal vez nos haga dudar antes de intentar aplastarlo cuando lo veamos huyendo hacia la oscuridad.

16 de marzo de 2005

---

1 Referencia: Cockroach optomotor responses below single photon level. Anna Honkanen et al., (2014). J Exp Biol 217, 4262-4268. http://jeb.biologists.org/content/217/23/4262.full
VIDEO: https://www.youtube.com/watch?v=Yl9SgeqHPkM

PREDICCIÓN DE PLANETAS HABITABLES

Se han descubierto también planetas de un tamaño similar a la Tierra

LA ÚLTIMA ACTUALIZACIÓN del banco de datos para planetas extrasolares de la que tengo noticia incluye 1.954 planetas. Las misiones espaciales dedicadas a descubrirlos así lo van haciendo casi día a día, por lo que este banco de datos no deja de crecer y de sorprendernos.

Muchos de los planetas descubiertos son similares a Júpiter, aunque en ocasiones de un tamaño hasta treinta veces superior. Evidentemente, los planetas grandes son los más fácilmente detectables, sea cual sea el método de detección empleado, el cual puede determinar la disminución de la intensidad de la luz que nos llega de una estrella cuando el planeta pasa por delante de ella, o puede medir el "baile gravitatorio" de la estrella alrededor de la cual gira uno o más planetas. No obstante, se han descubierto también planetas de un tamaño similar a la Tierra, lo que sugiere que podrían poseer una composición química pareja a la de nuestro planeta.

El número de planetas descubierto y sus características permiten comenzar a realizar estudios estadísticos, en particular, permiten incluso hacer predicciones sobre características de los sistemas estelares que no dependen de la masa de los planetas, la cual está sesgada, como decía, por las limitaciones de los métodos de detección. Indudablemente, un tema de gran interés es desentrañar cuántos planetas habitables podrían encontrarse en otros sistemas planetarios. La mayoría de las veces, los planetas detectados no se encuentran en la llamada zona habitable: la zona situada a una distancia de la estrella tal que la temperatura es compatible con la existencia de agua líquida. Como ya he explicado en otras ocasiones, la vida no puede estar basada en otra cosa que no sea la química del carbono en medio acuoso. De hecho, las moléculas orgánicas deben encontrarse también en estado líquido, ya que la fluidez es absolutamente necesaria para permitir los procesos vitales.

Puesto que no es posible detectar directamente todos los planetas que pueden orbitar alrededor de una estrella para estimar cuántos de ellos podrían existir en la zona habitable, es necesario utilizar criterios que permitan predecir, en base a los datos adquiridos sobre los planetas descubiertos y las distancias a las que se encuentran de sus estrellas, tanto si pueden o no existir más planetas aún no detectados, como estimar a qué distancia de la estrella central podrían encontrarse. Parece una tarea imposible, pero no lo es. Y no lo es gracias a una ley de las órbitas planetarias inicialmente propuesta hace exactamente trescientos años y perfilada cincuenta años más tarde: La ley de Titius-Bode.

REGLA PLANETARIA

Esta ley, que en realidad es una regla, revela que las distancias de los planetas al Sol siguen una proporción matemática sencilla. La regla es resultado de observar que si damos el valor 10 a la distancia entre la Tierra y el Sol, entonces los planetas se encuentran a distancias del Sol que de Mercurio a Saturno, incluyendo el cinturón de asteroides, adquieren los valores: 4, 7, 10, 16, 28, 52, 100. Estos números surgen de sumar 4 a la serie 0, 3, 6, 12, 24, 48, 96... es decir, cero, luego tres, y luego la duplicación del número anterior. Esta ley predijo las órbitas del cinturón de asteroides y de Urano antes de que se descubrieran; sin embargo, no puede predecir la órbita de Neptuno. Como toda regla, tiene sus excepciones.

Haciendo uso de ella, astrónomos de la Universidad Nacional de Australia y del Instituto Niels Bohr de Copenhague, analizan 77 estrellas alrededor de las cuales se han descubierto tres planetas y 74 estrellas que cuentan con cuatro o más planetas, e intentan predecir las órbitas donde deberían encontrarse otros planetas aún no detectados[1]. Los astrónomos comprueban que de los 151 sistemas estelares analizados, 124 siguen muy

1 Using the Inclinations of Kepler Systems to Prioritize New Titius-Bode-Based Exoplanet Predictions. T. Bovaird et al. (2015). http://mnras.oxfordjournals.org/lookup/doi/10.1093/mnras/stv221

bien la ley de Titius-Bode. Esto sugiere que los otros 27 tal vez no la cumplan porque todavía no se han detectado planetas en las órbitas adecuadas.

Los astrónomos predicen nuevas órbitas para estos desconocidos planetas de acuerdo a esta ley, tanto en las 124 estrellas que la cumplen como en las 27 que aparentemente no lo hacen. El objetivo de esta predicción es doble: primero, intentar facilitar el descubrimiento de nuevos planetas alrededor de estas estrellas, al sugerir dónde deberían fijar su atención los telescopios espaciales y, en segundo lugar, intentar estimar el número de planetas que se encontrarían orbitando en el interior de las zonas habitables.

Los astrónomos descubren que, de acuerdo a sus predicciones, y a los datos ya adquiridos, cada uno de esos 151 sistemas estelares poseería de uno a tres planetas orbitando en el interior de la zona habitable y, por consiguiente, contaría con las condiciones teóricas para el desarrollo de la vida, al menos la vida primitiva. Además, el tipo de planeta que se encontraría en la zona habitable sería, en general, rocoso, es decir, de un tipo similar al terrestre, por lo que podría contar con agua líquida sobre su superficie, algo más difícil que suceda en planetas gigantes de tipo gaseoso, como Saturno o Júpiter, incluso si estos orbitaran dentro de la zona habitable.

Así pues, estos estudios de estadística y predicción planetaria sugieren que, por término medio, cada estrella de nuestra galaxia podría contar con al menos un planeta en el que la vida (aunque no necesariamente la inteligencia ni la civilización) pudiera desarrollarse. El ser humano y nuestro planeta siguen empequeñeciendo frente a la inmensidad del cosmos.

23 de marzo de 2015

PLACEBO POR UN PUÑADO DE DÓLARES

Las píldoras rojas funcionan mejor que las azules como estimulantes

EL PRINCIPAL OBJETIVO de la ciencia es descubrir fenómenos naturales y explicar cómo funcionan y por qué se producen. Huelga decir que esto no siempre resulta fácil: algunos fenómenos se aferran al misterio y resultan difíciles de explicar. Uno de estos, aún inexplicados, es el efecto placebo, junto con su antítesis, el efecto nocebo.

El efecto placebo es la consecuencia beneficiosa para la salud de la administración de alguna sustancia ineficaz, o de la realización de un procedimiento médico, que no debería causar ningún beneficio. Por el contrario, el efecto nocebo resulta en la disminución de los efectos beneficiosos de fármacos o procedimientos que, sin embargo, han demostrado su eficacia.

Ambos efectos parecen depender de las expectativas de los pacientes sobre el tratamiento que reciben. En concreto, las esperanzas son importantes para la eficacia de un tratamiento, ya que la misma dosis de fármaco activo, administrado de manera secreta al paciente, ejerce un efecto menor que cuando el fármaco es administrado con conocimiento de este. En otras palabras, las expectativas de curación contribuyen a los efectos positivos de un medicamento concreto.

Aún no se conoce con detalle la manera por la que el efecto placebo funciona. Si descartamos explicaciones místicas y espiritualistas, o invocadoras de energías corporales aún no detectadas, ni mucho menos confirmadas, el efecto placebo debe depender de mecanismos neurológicos, de una consecuencia del simple conocimiento de que hay alguien o algo que va a curarnos de nuestros males, ya que, por definición, el placebo carece de principio activo y no puede ejercer, por ello, ningún efecto fisiológico.

De hecho, se han detectado cambios en la actividad de algunas zonas del cerebro inducidos por la administración de placebo. Igualmente, se han detectado cambios en la producción de sustancias neuroactivas, como los endocannabinoides y los péptidos opiáceos, que actúan sobre determinados circuitos neuronales. Estas sustancias pueden ser producidas en mayor o menor grado dependiendo de lo que esperamos que nos suceda, es decir, cuando anticipamos un castigo o una recompensa.

Las expectativas, claro está, también dependen de la información que poseamos. De este modo, un placebo presentado como estimulante, estimulará y aumentará el ritmo cardiaco y la presión sanguínea, pero un placebo presentado como calmante nos calmará.

Los factores que afectan a la percepción de la eficacia del supuesto medicamento también son muy importantes. Por ejemplo, diversos estudios han demostrado que las píldoras rojas funcionan mejor que las azules como estimulantes, pero las azules funcionan mejor como calmantes. Las cápsulas parecen ejercer efectos placebo más intensos que las píldoras, y la talla de cápsulas y píldoras es también importante, ya que las píldoras grandes ejercen mayores efectos placebo que las pequeñas.

VALOR Y PRECIO

Más sorprendente todavía es el hecho de que la motivación y objetivos vitales de las personas, así como la educación y la cultura en donde estas vivan, pueden afectar de manera importante al efecto placebo en determinadas enfermedades, pero no en otras. Por ejemplo, el efecto placebo relacionado con el tratamiento de úlceras de estómago y duodeno es muy bajo en Brasil, más intenso en países del norte de Europa, como Dinamarca y Holanda, y máximo en Alemania. Sin embargo, el tratamiento placebo para la hipertensión es menor en Alemania que en otros países.

Estos, sin duda, son fenómenos de los que aún no se comprenden la causas, las cuales incluso podrían ser genéticas[1].

Otro de los factores que se ha visto implicado en el efecto placebo es el precio de los tratamientos. En general, un tratamiento más costoso es percibido como más eficaz por quienes lo reciben. Si esto es cierto, un tratamiento percibido como barato ejercerá un efecto placebo menor que un tratamiento que se percibe caro.

Para comprobarlo, investigadores de la Universidad de Cincinnati, en USA, realizan un estudio con 12 pacientes de enfermedad de Parkinson, susceptible al efecto placebo, a quienes administran dos tratamientos placebo sin que ellos sepan que no contienen fármaco alguno[2]. Uno de ellos consiste en una inyección de una solución salina de la que se informa a los pacientes que cuesta 100 dólares. El otro "tratamiento" consiste en la misma inyección de solución salina, pero de la que se hace creer a los pacientes que cuesta 1.500 dólares. Tras recibir las inyecciones, los pacientes fueron examinados para evaluar sus capacidades motoras (la enfermedad de Parkinson se caracteriza por problemas en el control del movimiento) y la actividad de sus cerebros mediante resonancia magnética funcional.

Un primer hecho sorprendente fue que las imágenes de resonancia indicaron una activación cerebral en las mismas zonas que se activan tras la administración de un verdadero fármaco, como la levodopa. Más sorprendente aún fue el hecho de que esta activación dependió del supuesto precio del tratamiento recibido, con mayor activación obtenida en el caso del tratamiento más caro. Además, las inyecciones mejoraron también temporalmente las capacidades motoras de los pacientes de manera relacionada con el precio.

Por razones éticas, los pacientes fueron informados del objetivo real del experimento una vez terminado. La mayoría mostró su asombro por la fuerza de sus expectativas en la mejora de su condición y porque estas dependieran del precio que se les había hecho creer costaban los

1 http://jorlab.blogspot.com.es/2013/01/un-gen-para-el-placebo.html

2 Alberto J. Espay et al. Placebo effect of medication cost in Parkinson disease. A randomized double-blind study. http://www.neurology.org/content/early/2015/01/28/WNL.0000000000001282

tratamientos, precio que, inconsciente y erróneamente, asociaban a la eficacia esperada.

Así es la mente humana. Al menos así es en una sociedad que utiliza el dinero como medida del valor. Ya lo decía Antonio Machado: "Todo necio confunde valor y precio".

29 de marzo de 2015

APRENDIZAJE POR SORPRESA

Nacemos con los conceptos de espacio, de tiempo y con otros relacionados con cómo está formado el mundo.

LA PRECAMPAÑA ELECTORAL de la Comunidad de Madrid tuvo la rara consecuencia de colocar a un filósofo en la portada de los medios de comunicación. No me refiero a Ángel Gabilondo, candidato a la presidencia por el PSOE, sino a alguien mucho más importante en la historia de la filosofía: Emmanuel Kant. Gabilondo citó la ahora bien conocida frase de Kant: "La honradez es la mejor política", que fue lo que los medios recogieron.

No es esta, en mi opinión, la mayor contribución filosófica de Kant, al menos no si la ley no te obliga a devolver el dinero robado una vez te pillan con él amasado en algún país helvético de dudosa reputación y obsesionado con la puntualidad. En mi humilde opinión, la mayor contribución de Kant fue su descubrimiento de que no llegamos al mundo completamente ignorantes, sino con un conocimiento innato. Nacemos con los conceptos de espacio, de tiempo y con otros relacionados con cómo está formado el mundo; no tenemos que aprenderlos. Este conocimiento se ha ido adquiriendo durante la evolución de nuestra especie y de alguna manera se ha codificado en los genes que luego construyen nuestro cerebro.

Esta idea de Kant, posibilitada por su razón pura, ha sido confirmada hoy por métodos científicos. Cientos de estudios con niños de muy corta edad han comprobado que estos reaccionan de una forma distinta cuando se les presentan situaciones que, en principio, traicionan sus expectativas y les sorprenden. Este conocimiento primigenio se ha denominado "conocimiento central" (*core knowledge*). Los científicos han comprobado que incluso los recién nacidos ya lo poseen y que no depende de las condiciones educativas o de la cultura en la que uno nazca.

Utilizando lo que podríamos considerar trucos de magia, se ha comprobado que los niños muy pequeños mantienen la atención por periodos más largos cuando se les hace creer que un objeto ha atravesado una pared, o cuando un objeto que saben está escondido en un lugar se hace aparecer en otro. Además, muestran también expresiones faciales de sorpresa, dilatación de las pupilas, o incluso un incremento en la circulación sanguínea y en la actividad eléctrica del cerebro. Estas reacciones parecen ser debidas a la discrepancia entre las expectativas de los pequeños y lo que han observado, ya que no se producen cuando lo observado no viola ninguna ley aparente de la Naturaleza.

NO NOS LO CREEMOS

Las reacciones de sorpresa no se limitan a supuestas violaciones de estas leyes, sino que son evidentes también en otros casos, como cuando se hace creer a los niños que 5 + 5 es igual a 5, o cuando una persona que conocen parece preferir acercarse a alguien desagradable, en lugar de a alguien amable. Estas reacciones frente a violaciones aparentes del comportamiento físico, matemático o incluso social revelan que poseemos un conocimiento innato sobre estos aspectos del mundo que puede ser fundamental para nuestra supervivencia.

La existencia de este conocimiento innato es, sin duda, fascinante, pero fascinante es también que los seres humanos podamos aprender cosas muy sofisticadas, como diseñar una sonda espacial o realizar un trasplante de corazón. El problema con el que se han enfrentado los estudiosos de este tema es cómo lo conseguimos. ¿Qué es lo que nos guía en los inicios de nuestra vida para ir incrementando el conocimiento innato y aprender cosas casi imposibles? ¿Cómo decidimos lo que resulta útil aprender y lo que no, en un mundo al que acabamos de llegar y que nos bombardea con miles de sensaciones cada día?

Las doctoras Aimee Stahl y Lisa Feigenson, del Departamento de Psicología y Ciencias del Cerebro de la Universidad John Hopkins, en EE.UU, pensaron que lo que nos permite decidir qué aprender es precisamente el incumplimiento de nuestras expectativas. Es esta transgresión ocasional la que nos ofrecería oportunidades de aprendizaje para explorar el mundo en determinadas direcciones.

Como siempre en ciencia, una idea o hipótesis, por razonable que parezca, debe ser demostrada. Para ello, las investigadoras realizan elegantes experimentos, con niños de 10 a 11 meses de edad, que les permiten concluir que, en efecto, su idea es cierta. Las doctoras publican sus resultados y conclusiones en la revista *Science*[1].

Los experimentos que las investigadoras realizan están ideados para contradecir las expectativas de los niños respecto al comportamiento de diversos juguetes y comprobar si esta trasgresión favorece el aprendizaje de alguna propiedad del juguete no conocida antes por los niños, o si les estimula a explorar por su cuenta las propiedades del juguete que ha desmentido lo que esperaban de él. En efecto, las científicas comprueban que los niños aprenden mejor cosas nuevas sobre los juguetes "transgresores" que sobre los que no han traicionado sus expectativas.

Quizá el descubrimiento más interesante sea que los niños exploran más en profundidad los objetos que les han sorprendido, y que la exploración se centra precisamente en el aspecto particular que ha generado su sorpresa. Por ejemplo, si se les ha hecho creer que un cochecito atraviesa las paredes, los niños lo golpean luego contra la mesa para comprobar si la puede atravesar. Si se les ha hecho creer que un objeto puede flotar en el aire, luego lo cogen y lo sueltan para ver si vuela. Angelitos.

Gracias a estos estudios, ahora, por fin, comprendemos las intenciones de muchos políticos: nos tratan como a niños muy pequeños y pretenden estimular nuestro aprendizaje traicionando sistemáticamente nuestras expectativas. Por supuesto, hay que estarles muy agradecidos por esta contribución hacia el progreso intelectual de la Humanidad.

5 de abril de 2015

---

1 Observing the unexpected enhances infants' learning and exploration. Aimee E. Stahl and Lisa Feigenson. Science, 3 April 2015 • Vol 348, Issue 6.230, pp 91.

ALMA Y EL ORIGEN DE LA VIDA

Las imágenes obtenidas por ALMA pueden alcanzar una definición diez veces superior a las del telescopio espacial Hubble

ES SIEMPRE RECONFORTANTE comprobar que, a pesar de todos los problemas que sufre el mundo, al menos una actividad humana se beneficia de la colaboración desinteresada de muchas personas, tal vez las más preparadas e inteligentes del planeta. Me refiero, claro está, a la ciencia y a los científicos.

Probablemente motivados por su interés común en conocer el mundo y hacerlo progresar, científicos de todo el planeta han sido capaces de llevar a cabo proyectos impresionantes, como el del gran colisionador de hadrones, que ha permitido descubrir el bosón de Higgs, o el proyecto genoma humano, que no solo ha conducido a secuenciar el genoma de nuestra especie, sino el de muchas más, gracias a las nuevas tecnologías de secuenciación de ADN que se desarrollaron debido a él.

Otro de esos grandes proyectos de la ciencia que está comenzando a dar importantes frutos es el proyecto ALMA (*Atacama Large Millimeter Array*). ALMA es un conjunto de 66 antenas parabólicas de entre 7 y 12 metros de diámetro, localizado en la meseta de Chajnantor, en el desierto de Atacama de los Andes chilenos. ALMA ha sido posible gracias a la colaboración de varias instituciones internacionales de 17 países, entre los que desempeñan un papel predominante varias naciones europeas, incluida España. Los Estados Unidos y Japón también son contribuyentes importantes, como lo son igualmente Chile y Brasil.

Las 66 antenas de ALMA están organizadas para funcionar como si se tratara de un único y gigantesco telescopio que, gracias a la tecnología llamada interferometría asistida por ordenador, consigue resoluciones de imagen impresionantes. De hecho, las imágenes obtenidas por ALMA pueden alcanzar una definición diez veces superior a las del telescopio espacial Hubble. Las antenas, además, no se encuentran fijas en una sola posición, sino que pueden moverse en diferentes disposiciones, lo que permite jugar con la resolución o potencia del telescopio, dependiendo de lo que se desee observar y de la distancia a la que se encuentre.

ALMA está diseñado para captar radiación electromagnética en longitudes de onda milimétricas y submilimétricas, que se encuentran ya dentro del espectro de las ondas de radio. En comparación, la longitud de onda de la luz visible se mide en cientos de nanómetros, es decir, es más de mil veces más corta.

La luz visible que nos llega del universo es emitida por cuerpos muy calientes, como son las estrellas. Sin embargo, la observación del universo en las longitudes de onda milimétricas permite obtener imágenes de cuerpos mucho más fríos, como las nebulosas o las nubes planetarias. De hecho, estos son los objetos más fríos del universo conocido.

CIANURO VITAL

La sensibilidad de ALMA es tan fina que no solo puede obtener imágenes de los objetos más fríos del universo, sino que es capaz de analizar por espectrofotometría las propiedades de la luz detectada y determinar de este modo la composición molecular de los objetos observados. Aprovechando estas capacidades, investigadores estadounidenses, holandeses y japoneses estudian las características de la radiación milimétrica emitida por una nebulosa planetaria que rodea a una estrella jovencísima, llamada MWC 480, situada en la constelación de Tauro, a 455 años-luz de la Tierra, y de una masa dos veces la del Sol, aproximadamente[1]. La edad de esta estrella se estima en solo un millón de años, es decir, se trata de una recién nacida si la comparamos con los más de 4.500 millones de años con los que cuenta nuestro Sol, al que de todos modos le quedan al menos otros tantos años de vida antes de extinguirse.

1 K.I. Öberg et al. (2015). The Cometary Composition of a Protoplanetary Disk as Revealed by Complex Cyanides. Nature, 520, 198–201. 9 April 2015.

Los investigadores están interesados en descubrir si la nebulosa planetaria contiene moléculas orgánicas similares a las encontradas en los cometas de nuestro sistema solar. Se estima que los comentas guardan en su interior la composición original de la materia que formó el Sol y los planetas. A pesar de su antigüedad, se ha comprobado que los cometas contienen moléculas orgánicas relativamente complejas, como el cianuro de metilo, que pueden ser las bases a partir de las cuales se pudieron formar las moléculas más complejas de la vida, como los aminoácidos de las proteínas o las bases nitrogenadas de los ácidos nucleicos. La pregunta que los científicos se hicieron fue si estas moléculas eran solo propias de nuestro sistema solar, o si por el contrario se producían también en otras nebulosas planetarias, en particular en la época temprana de la formación cometaria y planetaria, ya que los cometas del sistema solar las contienen.

Y bien, el análisis de la luz captada por ALMA procedente de la estrella MWV 480 y de su nebulosa planetaria revela que esta también contiene cianuro de metilo. Este descubrimiento, imposible de realizar antes de disponer de la sensibilidad y capacidad de análisis de la radiación electromagnética que posibilita ALMA, indica por primera vez que la rica composición en moléculas orgánicas de la nebulosa que dio origen al sistema solar no es única en el universo y que esas moléculas, aun relativamente simples comparadas con las de la vida, se pueden formar en otras nebulosas planetarias.

Son buenas noticias para los románticos que prefieren creer que la vida bulle en muchos lugares del universo. Esta nueva evidencia científica apoya su romanticismo, y también el mío. No obstante, como no me canso de repetir, una cosa es la vida y otra muy distinta la inteligencia y la civilización, como queda patente cada vez que nos atrevemos a ver un informativo.

12 de abril de 2015

LA MALICIOSA NANOMÁQUINA DE SALMONELLA

Al microscopio, puede verse cómo las bacterias se iluminan en el interior de los macrófagos

LA BACTERIA *SALMONELLA enterica* es tal vez la mayor causante de envenenamientos alimenticios. Según la Organización Mundial de la Salud, esta bacteria causa decenas de millones de casos de salmonelosis al año en todo el mundo. Por fortuna, la mayoría de estos son leves. De 12 a 72 horas tras la infección, causada en general por comer carne, pescado, pollo o huevos en mal estado, el infortunado sufre de diarreas, vómitos, dolor abdominal y fiebre. De cuatro a siete días después, los síntomas desaparecen y la enfermedad remite, salvo en algunos casos en los que la deshidratación es tan importante que el afectado debe ser hospitalizado. Si el paciente sufre otras enfermedades o se encuentra inmunodeprimido, la salmonelosis puede conducir a la muerte.

Es hoy evidente que si *Salmonella* y otras bacterias son capaces de causar enfermedades es gracias a que poseen mecanismos, muchos francamente sorprendentes, que les permiten escapar a todas las dificultades que el organismo les presenta para evitar ser infectado. Estas no son pequeñas.

En primer lugar, al ser ingerida, *Salmonella* se encuentra en el inhóspito, ácido y digestivo ambiente del estómago. No obstante, *Salmonella* resiste a la digestión y es capaz de alcanzar el intestino delgado, e infectarlo. Desde el intestino, *Salmonella* intenta penetrar al resto del organismo y diseminarse por la sangre. Afortunadamente, contamos con las defensas del sistema inmune para frenar el progreso de la bacteria. Estas incluyen a las células llamadas macrófagos, capaces de fagocitar, es decir, envolver con su membrana celular a las bacterias, ingerirlas y luego matarlas y digerirlas con poderosos enzimas digestivos. Igualmente, las células centinelas, llamadas células dendríticas, localizadas justo detrás de las células de la superficie epitelial del intestino, e incluso infiltradas entre las células de las vellosidades intestinales, dan la alarma al detectar a la bacteria y participan en la puesta en marcha de los mecanismos de la inmunidad. Estos generarán, entre otras cosas, anticuerpos que neutralizarán la capacidad infectiva de las bacterias recubriéndolas e impidiendo que se adhieran a las células, lo cual resulta imprescindible para el progreso de la infección. Al mismo tiempo, los anticuerpos facilitarán también la fagocitosis por los macrófagos.

Sin embargo, en numerosas ocasiones, la fagocitosis de *Salmonella* por los macrófagos no solo no conduce a la muerte de la bacteria, sino a su reproducción y expansión. ¿Cómo se las arregla la bacteria para sobrevivir y reproducirse no ya en el interior de nuestro estómago, sino en el interior de un macrófago que la ha ingerido?

Las bacterias son ciegas y sordas, claro está, pero para poder adaptarse a un cambio en el entorno, como el que supone pasar de encontrarse en los fluidos externos de la sangre o los tejidos a encontrarse en el interior de una vacuola digestiva de un macrófago, deben ser capaces de detectar este cambio y de poner en marcha un curso de acción que les permita adaptarse a él. Su supervivencia depende de ello.

ATAQUE DESDE DENTRO

Investigadores de las universidades de Singapur y de Illinois, en Chicago, deciden estudiar esta intrigante cuestión. Los científicos ya sabían que la fagocitosis de *Salmonella* por los macrófagos consigue que esta se convierta en más virulenta y ataque a la célula que la ha ingerido desde el interior, impidiendo ser digerida y aprovechándose de sus nutrientes para reproducirse. Los investigadores también sabían que tras ser ingerida por un macrófago, este pone en marcha mecanismos que incrementan la acidez de las vacuolas que contienen a las bacterias, para poder así digerirlas mejor, mediante el ataque de los ácidos.

Por esta razón, los investigadores supusieron que tal vez la bacteria fuera capaz de detectar los cambios de acidez en su entorno y de responder frente a ellos, ya que son estos los que amenazan con acabar con su vida. De hecho, estudios anteriores habían demostrado que, una vez fagocitada, *Salmonella* secreta proteínas al interior del macrófago que funcionan como una nanomáquina, la cual impide la digestión de la bacteria por el macrófago y le permite reproducirse en su interior.

Para comprobar si *Salmonella* puede detectar los cambios de acidez y responder a ellos, los investigadores generan un sistema molecular, basado en las propiedades químicas del ADN, capaz de generar una luz de color en respuesta a los cambios de acidez[1]. Este sistema molecular es introducido en el interior de bacterias *Salmonella*, las cuales son subsiguientemente expuestas a macrófagos para que las fagociten. De este modo, al microscopio, puede verse cómo las bacterias se iluminan en el interior de los macrófagos dependiendo del grado de acidez al que están expuestas.

Los investigadores esperaban que si la bacteria detectaba el incremento de acidez al que la somete el macrófago, pondría en marcha mecanismos para neutralizarlo. Sin embargo, al contrario, el aumento de acidez de la vacuola digestiva del macrófago se acompaña de un aumento de la acidez incluso más rápido en el interior de la bacteria. Los científicos descubren que este cambio activo de la acidez por parte de la bacteria es necesario para la generación de las proteínas de la nanomáquina que la protege, las cuales son secretadas entonces al citoplasma del macrófago.

El descubrimiento de este nuevo mecanismo de resistencia a la digestión y de las proteínas que lo hacen posible puede permitir el desarrollo de fármacos que lo bloqueen, lo que conducirá a que *Salmonella* sea mucho más sensible a la digestión por los macrófagos que la fagociten y a que la infección por esta bacteria sea más eficazmente combatida.

19 de abril de 2015

---

1 Chakraborty S. Et al. A FRET-Based DNA Biosensor Tracks OmpR-Dependent Acidification of Salmonella during Macrophage Infection. PLoS Biol 13(4): e1002116. doi:10.1371/journal.pbio.1002116.

LOS SELECTOS MUTANTES DE LAS DEFENSAS

La mayoría de los anticuerpos producidos inicialmente no son muy eficaces para defendernos

AÚN RECUERDO AQUEL ayer, ese primer artículo de divulgación que escribí, allá por el año 1998 del siglo pasado, que trataba del maravilloso mecanismo de la generación, mediante el método de "barajar" genes, de las moléculas de anticuerpos[1]. Recordemos que los anticuerpos son proteínas de las defensas producidas por una clase especial de glóbulos blancos, llamados linfocitos B.

Los anticuerpos son moléculas extraordinarias por varias razones. La más importante es que, a pesar de poseer una estructura común, son capaces de unirse y de neutralizar a prácticamente cualquier sustancia que se encuentre o pueda encontrarse en el futuro en la Naturaleza. Sí, sí, incluso sustancias que no existen hoy como, por ejemplo, nuevos fármacos que serán sintetizados la próxima década, podrán ser susceptibles de generar anticuerpos que mediarán reacciones alérgicas a dichos fármacos.

La generación de una gigantesca variedad de anticuerpos permite al sistema inmune vencer amenazas de enfermedades tanto presentes como futuras. Como explicaba en mi primer artículo, la manera en que los linfocitos B consiguen esta proeza molecular es mediante la combinación al azar de una serie de fragmentos de ADN. De la misma forma que con una baraja española de 40 cartas pueden conseguirse una enorme variedad de conjuntos de tres o cuatro cartas, uniendo al azar de dos a cuatro fragmentos de ADN de un conjunto de entre 70 y 80 fragmentos génicos

1 http://jorlab.blogspot.com.es/2008/01/la-naturaleza-baraja-los-genes-para.html?q=baraja

resulta en la generación de un formidable repertorio de genes de los anticuerpos. Puesto que la unión de los fragmentos génicos se realiza en cada linfocito B de forma aleatoria, y puesto que existen cientos de miles de millones de linfocitos B, se generan anticuerpos capaces de unirse a cualquier estructura molecular que se pueda imaginar.

No todos los anticuerpos posibles se producen en todo momento. Para que un linfocito B comience a producir grandes cantidades de un anticuerpo particular contra una sustancia, normalmente presente en un virus o en una bacteria, debe primero detectarla, lo que consigue mediante las moléculas de anticuerpo que lleva en su membrana, y que por el momento no son secretadas a la sangre. Solo tras la detección de una sustancia potencialmente dañina, los linfocitos B se activan y comienzan a producir anticuerpos en gran cantidad y a liberarlos a la sangre.

Sin embargo, si los linfocitos B son capaces de generar anticuerpos contra cualquier molécula, esto no quiere decir que todos los anticuerpos generados sean capaces de unirse con fuerza a la sustancia que detectan. La mayoría de ellos solo se unirán con poca fuerza (en lenguaje científico, con baja afinidad), es decir, tendrán poca tendencia a la neutralización de la sustancia extraña. Este problema implica que la mayoría de los anticuerpos producidos inicialmente no son muy eficaces para defendernos de los ataques de microrganismos o parásitos. Resulta, por tanto, imperativo aumentar la eficacia de los mismos, lo cual solo puede hacerse aumentando su afinidad, o sea, la fuerza con la que se unen a las moléculas extrañas. ¿Pueden conseguir esto los linfocitos B? Sí, pueden.

MUTACIONES DIRIGIDAS

Para comprender cómo lo consiguen, es necesario detenerse en el hecho de que los anticuerpos se unen a las moléculas extrañas debido a interacciones, a enlaces químicos complementarios, entre aminoácidos concretos de entre los miles que los forman y zonas concretas de las moléculas que detectan. Esto quiere decir que la fuerza de la interacción con la sustancia extraña depende de la naturaleza química de los aminoácidos que se encuentran en la zona de unión del anticuerpo. Existen, como sabemos, veinte aminoácidos distintos que poseen propiedades químicas diferentes: carga positiva o negativa, afinidad por el agua, etc. Pues bien, si cambiamos uno o más aminoácidos en la zona de unión del anticuerpo, dejando fijos a los demás, seremos capaces de modificar la fuerza de unión del anticuerpo, de aumentarla o de disminuirla.

Esto es lo que hacen los linfocitos B que han detectado una sustancia. Generan mutaciones al azar en las zonas del ADN que modifican la información sobre los aminoácidos de la zona de unión del anticuerpo con dicha sustancia, y solo en esas zonas. Los linfocitos B que tras las mutaciones detectan a la sustancia con más fuerza reciben señales de supervivencia y estímulo que les permiten dividirse con más rapidez y producir mayores cantidades de anticuerpo, que, además, será de mayor afinidad que el inicial, es decir, más eficiente. Los linfocitos B cuyas mutaciones no mejoran la afinidad, mueren.

En la generación de estas mutaciones participa un enzima, llamado AID. La regulación de la cantidad de este enzima es muy importante, ya que, si hay poco, no se puede mejorar la afinidad de los anticuerpos, pero, si hay demasiado, pueden producirse mutaciones que causen cáncer. Cómo se llevaba a cabo dicha regulación no era completamente conocido.

Ahora, científicos de varios centros de investigación de Canadá publican el hallazgo de que una proteína, llamada eEF1A, participa en mantener al enzima AID en el citoplasma celular y disminuir la cantidad que llega al núcleo, donde se encuentra el ADN que debe ayudar a mutar. Así, eEF1A participa en la consecución de la correcta cantidad de AID que actúa en el núcleo e impide que se "salga de madre".

Estos resultados, publicados en la revista *Journal of Experimental Medicine*[2], pueden permitir ayudar a mejorar determinados estados de inmunodeficiencia, o incluso mejorar la eficacia de algunas vacunas todavía no del todo eficaces, como la vacuna contra el virus VIH, causante del SIDA.

26 de abril de 2015

2 Methot SP, et al. Consecutive interactions with HSP90 and eEF1A underlie a functional maturation and storage pathway of AID in the cytoplasm. J. Exp Med. 2015 Apr. 6;212(4):581-96. doi: 10.1084/jem.20141157. Epub 2015 Mar 30.

LA CIENCIA DEL VIAJE ASTRAL

El viaje astral puede ser debido a una ilusión generada por un mal funcionamiento temporal de los circuitos cerebrales

LA PARAPSICOLOGÍA Y lo paranormal siempre han estimulado más interés que la psicología y lo normal. No hay sino comparar los programas más descargados de diversas plataformas de radio o televisión a la carta. Ahí tenemos a Iker Jiménez y su Cuarto Milenio, y otros programas elogio del misterio loco. Los fenómenos paranormales son, además, ilimitados en su imaginativa naturaleza, muy creativos e incluso literarios, mientras que los normales se encuentran limitados por la tozuda realidad y, claro, resultan por ello mucho menos divertidos y seductores.

Creo que, por el morbo que conlleva la muerte y por lo mucho que nos gustaría escapar de ella, uno de los fenómenos supuestamente paranormales que más debate ha generado es el de la experiencia extracorporal, también denominada viaje astral. Esta vivencia parece consistir en la sensación de abandonar el propio cuerpo y flotar por los alrededores, en ocasiones percibiendo el cuerpo físico, inerte, localizado en un lugar diferente al del cuerpo flotante.

Las experiencias extracorporales son, en ocasiones, vividas por personas al borde de la muerte, por ejemplo por personas que han sufrido una parada cardiorrespiratoria y están siendo "resucitadas" por un equipo médico. Por esta razón, las experiencias extracorporales han sido interpretadas por muchos como la separación del alma espiritual y el cuerpo material, máxime cuando van acompañadas de sensaciones como la de atravesar un túnel al final del cual se encuentra una presencia luminosa, de paz y tranquilidad, y de la sensación de visualizar un resumen de la propia vida desfilando ante los ojos. ¿Qué más evidencia necesitamos en apoyo de la existencia del más allá y de nuestra naturaleza espiritual?

Sin embargo, la ciencia no abraza conclusiones precipitadas por bonitas y agradables que estas puedan parecer. La ciencia necesita estudiar, analizar, experimentar antes de concluir. Qué le vamos a hacer, es este un aspecto molesto de la ciencia que muchos no le perdonan, más aun cuando es el que más ha hecho progresar a la Humanidad en su racionalidad y más ha afectado a la espiritualidad de muchas personas.

Como no me canso de repetir, la ciencia se empeña en estudiar todos los fenómenos, y este de la experiencia extracorporal no es una excepción. Una vez establecido por observaciones repetidas que el fenómeno existe, lo siguiente es averiguar sus causas y sus mecanismos, es decir, por qué existe y cómo funciona, e intentar reproducirlo o generarlo de manera controlada.

Los estudios científicos sobre la experiencia extracorporal la han abordado desde varios puntos de vista. Algunos de estos estudios han consistido en intentar demostrar si las personas realmente salen de su cuerpo y se mueven por el espacio cercano. De ser así, podrían observar objetos ocultos desde la posición de su cuerpo físico, pero visibles desde la posición de su cuerpo astral. En ningún caso ha podido demostrarse que esto sea así.

CUERPOS FUERA

Esto sugiere que el viaje astral puede ser debido a una ilusión generada por un mal funcionamiento temporal de los circuitos cerebrales integradores de la información que llega al cerebro desde los sentidos y también desde el propio cuerpo, y que permite colocarlo en un lugar preciso del espacio. Por ejemplo, mientras lee esto es perfectamente consciente de su posición con respecto al resto de los objetos que le rodean. Esta capacidad resulta esencial para nuestra interacción con el resto del mundo, y para muchos filósofos y psicólogos supone la base de la propia consciencia.

Recientemente, las neurociencias han comenzado a estudiar los circuitos neuronales involucrados en la capacidad de localizar nuestro cuerpo en el espacio. Se descubrió así que existen neuronas especializadas en codificar el espacio exterior y que participan en nuestra capacidad de orientarnos. Este descubrimiento, del que hablé en su día[1], fue recompensado con el premio Nobel de Fisiología y Medicina el pasado año.

Ya en 2007, en un artículo publicado en la revista *Science*, se describió un método para inducir experiencias extracorporales en sujetos sanos, y no a punto de morir. En este estudio, los sujetos son equipados con dos pequeñas pantallas, una frente a cada ojo, que reciben imágenes de dos cámaras situadas una al lado de la otra, pero dos metros detrás del sujeto. Así, este recibe imágenes en 3D de él mismo visto por detrás. El investigador, situado junto al participante, le toca el pecho con una varilla y, al mismo tiempo, hace como que toca el pecho del cuerpo ilusorio, justo por debajo de la cámara, con otra varilla idéntica. En ese momento, los sujetos confirmaron que experimentaban la sensación de estar sentados detrás de su propio cuerpo y mirándolo desde esa posición.

Utilizando está técnica, investigadores del Instituto Karolinska, en Suecia, analizan ahora lo que sucede en los cerebros de 15 participantes a los que se les induce la experiencia extracorporal mientras se encuentran en un aparato de resonancia magnética funcional, el cual permite analizar las zonas del cerebro que se activan[2]. Los investigadores encuentran así que el cerebro utiliza unas zonas concretas para localizar al cuerpo en el espacio, pero utiliza otras para conferir el sentido de propiedad de nuestro cuerpo. Una de estas zonas es el hipocampo, donde se localizan las neuronas "aquí estoy yo" mencionadas antes. Otra es el córtex del cíngulo posterior. La disociación entre el funcionamiento de estas zonas, inducida mediante ilusiones controladas, drogas, falta de oxígeno (como en una parada cardiaca), etc., puede causar que creamos que abandonamos nuestro propio cuerpo y nos colocamos en otro lugar del espacio inmediato.

Por favor, que alguien avise a Iker Jiménez y se lo cuente.

3 de mayo de 2015

---

1 http://jorlab.blogspot.com.es/2012/01/neuronas-aqui-estoy-yo.html

2 Arvid Guterstam et al. (2015). Posterior Cingulate Cortex Integrates the Senses of Self-Location and Body Ownership. http://www.cell.com/current-biology/abstract/S0960-9822%2815%2900412-1

La Epigenética Memoria De La Mama Es La Leche

Se trataría de una "memoria mamaria", similar a la memoria inmunológica que inducen las vacunas

EL EMBARAZO Y el nacimiento son unos de esos milagros de la Naturaleza que, por cotidiano, parecen lo más normal del mundo. Sin embargo, los millones de procesos moleculares que tienen lugar para convertir a una sola célula –el óvulo fecundado- en un ser humano completo son... bueno, no se me ocurren calificativos adecuados para acercarme a describirlos.

No menos fascinante resulta que, durante el embarazo, no solo los órganos de la madre necesarios para el desarrollo fetal sufren espectaculares cambios, sino también órganos imprescindibles –al menos hasta la invención del biberón– para mantener con vida al recién nacido. En los mamíferos, las glándulas mamarias deben desarrollarse y prepararse para producir leche tras el nacimiento. Las mamas, como todos los demás órganos, están formadas por células y, si han de desarrollarse, son las células las que deben crecer de manera organizada y fabricar leche, lo que antes del nacimiento no sucedía. ¿Cómo se enteran las células de la mama de lo que está sucediendo en el cuerpo de la futura madre? ¿Qué les comunica la información y órdenes necesarias para cambiar su comportamiento, multiplicarse, comunicarse con otras células similares y formar todas las estructuras mamarias encargadas de generar leche y secretarla al exterior? Probablemente ya lo sepa: son hormonas.

Tres tipos de hormonas participan en el desarrollo mamario previo a la lactación: la prolactina, los estrógenos y la progesterona. La acción de estas hormonas no tiene nada de mágico y sí mucho de molecular. Como sucede con todas las demás hormonas, estas son detectadas por una proteína receptora, particular de cada hormona o familia de ellas, la cual es así activada y puede ahora modificar el funcionamiento de determinados genes.

Son los genes los que contienen la información para fabricar las proteínas, las cuales funcionan como piezas de las maquinarias celulares que permiten la reproducción, la comunicación con otras células y, en el caso de las células mamarias, la producción de los componentes de la leche. Los genes suelen estar "apagados" cuando no son necesarios, y solo se "encienden" cuando es preciso. Pues bien, son las hormonas mencionadas las moléculas que comunican la información a las células de la mama sobre los cambios que están sucediendo durante el embarazo. Las células mamarias cambian así el funcionamiento de sus genes y "encienden" los necesarios, lo que las prepara para la generación y secreción de leche.

RECUERDOS DE LA LACTANCIA

Sin embargo, el funcionamiento de la glándula mamaria guardaba aún curiosos misterios por desvelar. Uno de ellos era por qué las madres primerizas tienen más dificultades en dar de mamar a sus hijos y producir suficiente leche que las madres que han tenido ya un hijo. Es posible, querida lectora, que si es usted madre de más de un hijo haya experimentado lo que digo.

Como es normal en ciencia, para explicar los hechos de la Naturaleza se emiten hipótesis explicativas que luego hay que intentar demostrar. En este caso, se ha sugerido tanto que la secreción de hormonas que afectan al desarrollo mamario es mayor en sucesivos embarazos, como que la glándula mamaria es más sensible a la acción de las hormonas, aunque estas no se produzcan en mayor cantidad.

Investigadores del Laboratorio Cold Spring Harbor, en Nueva York, exploran ahora en ratones de laboratorio la posibilidad de si las células de la mama no podrían tal vez recordar que una vez ya tuvieron que desarrollarse y producir leche, por lo que la segunda vez, y veces sucesivas, realizarían este proceso con más alegría y facilidad. Se trataría de una "memoria mamaria", similar a la memoria inmunológica que inducen las vacunas.

Aunque puede parecer misteriosa, la memoria inmunológica se produce porque las células memoria, que una vez lucharon contra un microrganismo y lo vencieron, han cambiado el funcionamiento de los genes con respecto a la célula original y ahora este funcionamiento las hace más sensibles a la presencia del mismo microorganismo. Si se lo encuentran de nuevo, lo matarán con más facilidad. Igualmente, si las células mamarias recordaran que una vez ya produjeron leche, lo harían gracias a cambios en el funcionamiento de sus genes.

Los investigadores exploran por ello los cambios en el ADN que pudieran afectar al funcionamiento de los genes de las células mamarias de ratoncillas de laboratorio que ya han sido madres. Los cambios de los que hablamos aquí no son mutaciones, es decir, no son modificaciones de la información contenida en el ADN, sino cambios químicos que modifican el acceso de las proteínas necesarias para que los genes funcionen, o sea, para que la información genética se exprese en el mundo real. Estos cambios se denominan modificaciones epigenéticas (epi, sobre), de los que el más importante es la metilación, es decir, la adición de moléculas similares al gas metano al ADN. Esta adición cambia las propiedades químicas del ADN y modifica con ello el funcionamiento de los genes.

Los investigadores descubren importantes cambios epigenéticos en el ADN de las células mamarias que ya produjeron leche una vez, los cuales facilitan su sensibilidad a las hormonas, es decir, que estas pongan en marcha los genes necesarios para desarrollar de nuevo la mama y generar leche[1]. Resulta pues cierto que las células mamarias se acuerdan de que ya una vez produjeron leche. Esta memoria se guarda en sus genes mediante modificaciones epigenéticas. Para mí, esto es, tengo que decirlo, la leche.

10 de mayo de 2015

---

1 dos Santos et al., An Epigenetic Memory of Pregnancy in the Mouse Mammary Gland, Cell Reports (2015), http://dx.doi.org/10.1016/j.celrep.2015.04.015.

HACIA EL *BIG BANG* DE LA INTELIGENCIA ARTIFICIAL

El memristor recuerda sus experiencias en tanto que conductor de la electricidad

ALGUNOS CREEN QUE el mundo se acerca inexorablemente a lo que se ha dado en llamar la "singularidad tecnológica". Este evento hipotético, realmente singular, se refiere al advenimiento de, quizá, un nuevo mesías, esta vez en forma de un ordenador o robot lo suficientemente inteligente como para mejorar el diseño de siguientes generaciones de robots. En ese tiempo futuro, más o menos próximo, las máquinas habrían alcanzado un estado capaz de la auto mejora continuada y pasarían a diseñarse y fabricarse a sí mismas con cada vez mejores capacidades. Se produciría una "explosión de inteligencia" (que quizá compensaría la explosión de estupidez en la que aún estamos inmersos desde el *Big Bang*). Surgirían brillantes mentes artificiales cada vez más poderosas a las que ni siquiera los mejores líderes políticos podrían engañar. Sería el fin de la civilización tal y como la conocemos; incluso el fin de la Historia, y el comienzo de una nueva era en la que el ser humano quedaría relegado a un segundo plano... por tonto.

No se preocupe, por el momento los ordenadores son todavía bastante estúpidos, más de lo que muchos creen. Mientras sus capacidades para realizar cálculos matemáticos son muy superiores a las nuestras, sus capacidades en otras áreas de la inteligencia son muy inferiores. Por ejemplo, mientras cualquiera puede reconocer a su suegra entre un millón de rostros diferentes, un robot tendría serias dificultades en diferenciar a su hipotética suegra de su mujer, lo que espero que a su marido nunca llegue a sucederle.

Desde hace ya varias décadas se ha avanzado en la comprensión de las razones de estas diferencias. Por supuesto, se deben en gran medida a la arquitectura y construcción de nuestro cerebro, que posee alrededor de mil billones de conexiones sinápticas, organizadas en las llamadas redes neuronales. La arquitectura de los circuitos que hoy se encuentran en los dispositivos informáticos poco o nada tiene que ver con la de nuestros cerebros, lo cual posibilita la realización de tareas de computación concretas a gran velocidad, pero dificulta o imposibilita la realización de otras tareas cognitivas.

Entre las empresas más difíciles para los ordenadores clásicos se encuentra el aprendizaje. Aprender a diferenciar las letras del alfabeto, algo que estamos haciendo ahora de manera automática y, además, asociando un significado a largos conjuntos de ellas, no resulta fácil para un ordenador tradicional. Esto es así porque en su constitución no se han implementado todavía circuitos electrónicos que imiten a las redes neuronales, las cuales sí son capaces de aprender con facilidad.

APRENDIZAJE ELÉCTRICO

¿Cómo aprende una red neuronal? Vamos a intentar explicarlo con un ejemplo. Una red neuronal está constituida por "células" interconectadas, que pueden ser neuronas o dispositivos electrónicos. Existen varias capas de células conectadas entre sí por "sinapsis". La primera capa recibe el input, y la última proporciona el output, es decir, la solución del problema. Supongamos que este sea diferenciar entre un lápiz y una estilográfica. Las células output podrían ser solo dos: una se iluminaría (por ejemplo con un LED verde) cuando el output sea "lápiz", y la otra se iluminaría (LED rojo) cuando el output sea "estilográfica". Que se ilumine una o la otra depende del camino que siga la señal eléctrica a través de las sinapsis desde el input hasta el output. Este camino, a su vez, depende de la resistencia eléctrica de las sinapsis entre las distintas células.

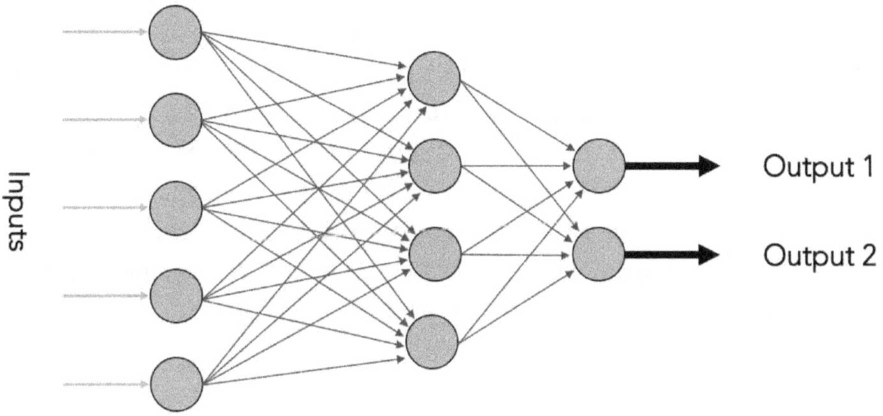

Representación de una red neuronal

Pongamos que mostramos un lápiz como input, pero la red neuronal nos da la luz roja, es decir, se equivoca y "cree" que es una estilográfica. Esta información, este error, se utiliza para cambiar la resistencia de las sinapsis, de manera que la próxima vez que se muestre un lápiz sea más difícil que se encienda la luz roja y más fácil que se encienda la verde. Reiterando este procedimiento muchas veces con lápices y estilográficas diferentes como inputs, finalmente la red neuronal puede llegar a aprender a diferenciar entre ambos tipos de objetos. La red aprende así de sus propios errores y aciertos.

Las redes neuronales no son fáciles de implementar en el hardware de los ordenadores, entre otras cosas porque hasta hace muy poco se carecía de los elementos electrónicos capaces de generarlas. Esto, afortunadamente, ha dejado de ser así hace solo unos años, gracias al desarrollo de unos componentes electrónicos llamados memristors. Un memristor es un dispositivo cuya resistencia eléctrica actual depende de las corrientes eléctricas y dirección de las mismas que le han atravesado en el pasado, es decir, el memristor recuerda sus experiencias en tanto que conductor de la electricidad y cambia sus propiedades eléctricas de acuerdo a ellas. Es, sin duda, un dispositivo ideal para posibilitar el aprendizaje de las redes neuronales que posean sinapsis construidas con él.

En efecto, investigadores de la Universidad de California construyen una red neuronal basada en memristors de tan solo cien sinapsis y la entrenan con éxito para que sea capaz de diferenciar tres letras ("z" "v" y "n")[1]. Estos estudios, publicados en la revista *Nature*, constituyen un paso importante hacia la generación de máquinas y robots más inteligentes, capaces de aprender y realizar tareas complejas y de mejorar sus capacidades, pero también nos acerca de manera importante a esa fatídica "singularidad tecnológica" de la que hablaba al principio. ¿Seremos los humanos tan listos y a la vez tan tontos como para alcanzarla?

17 de mayo de 2015

1 Training and operation of an integrated neuromorphic network based on metal-oxide memristors. M. Prezioso et al., Nature 521, 61–64 (07 May 2015). http://www.nature.com/nature/journal/v521/n7550/full/nature14441.html

¿PARA QUÉ SIRVEN LOS MACHOS?

La reproducción sexual es un mecanismo de limpieza de mutaciones perniciosas

AUNQUE PAREZCA MENTIRA, uno de los misterios de la Biología aún no completamente elucidado es para qué sirve el sexo, esa actividad por la que muchos, e incluso muchas, preferirían perder una mano antes de no poder disfrutarla. Creámoslo o no, los biólogos aún debaten la razón de su existencia.

Y es que el sexo, en tanto que mecanismo reproductivo, es bastante ineficaz, a pesar de lo divertido que, en general, resulta. El sexo permite generar descendencia solo a la mitad de la población. En el caso humano (también en el de casi todas las especies animales), solo las mujeres pueden dar a luz, lo que deja a los hombres como meros depósitos de material genético para uso de estas en la importantísima tarea del mantenimiento de la especie. Más eficaz sería si todos, machos o hembras, hombres o mujeres, pudiéramos generar descendencia de manera independiente, sin tener que mezclar nuestras células y genes con otro individuo. Sin embargo, lo que los biólogos no dudan hoy es que si la reproducción sexual ha sido seleccionada durante miles de millones de años de evolución es porque este modo de reproducirse es el que permite la adaptación al entorno y la supervivencia de las especies. Muy bien, pero ¿por qué?

Se han considerado varias hipótesis para intentar explicar este hecho incontrovertible. La más plausible de ellas es que la reproducción sexual es un mecanismo de limpieza de mutaciones perniciosas que, de no llevarse a cabo, generaría una acumulación de estas que conduciría a la extinción de las especies. Es cierto que si nos reprodujéramos por gemación –por ejemplo generando nuevos seres humanos a partir de los dedos de las manos, que se irían desprendiendo, una vez convertidos en diminutos bebés, y serían luego reemplazados por nuevos dedos que se convertirían en más bebés–, las mutaciones que se fueran produciendo en nuestro genoma a medida que las células se reprodujeran se irían acumulando a lo largo de las generaciones. Finalmente, no habría individuo en la población sin un conjunto de mutaciones que le impidiera reproducirse, o simplemente sobrevivir, lo que aseguraría la extinción.

La reproducción sexual dificultaría esta acumulación de mutaciones perniciosas en la población por varios mecanismos, uno de los cuales es la selección sexual. En general, uno de los sexos (normalmente el macho) compite por el acceso al otro sexo, y este segundo (normalmente la hembra) selecciona a los ganadores de la anterior competición. Esta selección sexual, unida a la mezcla de los genomas de dos individuos que conlleva la reproducción sexual, y que genera nueva diversidad genética, favorece la reproducción de solo los genéticamente más sanos, y se cree que elimina de la población las mutaciones más perniciosas, cuya acumulación podría conducir a la extinción de la especie.

ENDOGAMIA Y EXTINCIÓN

Hasta hoy, esto no dejaba de ser una hipótesis que solo contaba con el apoyo de consideraciones teóricas y de simulaciones por ordenador. Por ello, un grupo de investigadores se propusieron realizar un experimento evolutivo con seres vivos para intentar confirmar o refutar esta hipótesis en la compleja realidad de la vida. En 2005, comenzaron a criar en el laboratorio al pequeño *Tibolium castaneum*, más conocido como el escarabajo rojo de la harina que, en ocasiones, podemos degustar cocinado al horno dentro de algún trozo de pan.

Los investigadores mantuvieron durante siete años a cuatro poblaciones diferentes de estos escarabajos. La primera población estuvo sometida a una fuerte selección sexual por el simple método de colocar a machos y hembras en una relación de nueve a uno, respectivamente. En estas condiciones, el acceso a las hembras estaba limitado solo a los "mejores" machos. En otra población, el sesgo fue en sentido contrario, con un macho por cada nueve hembras, una proporción, en lo que a mi concierne, mucho más divertida. Aún otra población de escarabajos se mantuvo en la proporción de una hembra por cada cinco machos. Finalmente la cuarta población se mantuvo en estado de monogamia obligada, con un macho por cada hembra. Estas poblaciones se reprodujeron por alrededor de cincuenta generaciones, lo que para nosotros los humanos hubiera supuesto alrededor de mil años.

Tras este periodo de diferente presión selectiva sexual, los investigadores determinaron el número de mutaciones perniciosas que se habían acumulado en las diferentes poblaciones de escarabajos mediante el procedimiento de dejar reproducirse a hermanos y hermanas, es decir, de generar una situación de endogamia, el tipo de reproducción sexual más parecida a la reproducción por gemación. Como es bien sabido, la endogamia genera individuos que han heredado prácticamente las mismas variantes génicas de ambos progenitores, lo que en el caso de estos escarabajos rebelará la proporción de mutaciones perniciosas acumuladas en los diferentes regímenes reproductores. Si la selección sexual sirve para limpiar los genes de la población de este tipo de mutaciones, es de esperar que los escarabajos reproducidos bajo fuerte selección sexual tengan una menor proporción de las mismas en su genoma.

Y esto fue precisamente lo que se observó. Los escarabajos reproducidos en proporción de nueve machos por cada hembra resistieron hasta veinte generaciones en régimen de endogamia antes de extinguirse. Por el contrario, la población mantenida bajo el régimen de menor selección sexual (nueve hembras por cada macho) se extinguió solo al cabo de diez generaciones en endogamia. Estos resultados, publicados en la revista *Nature*[1], parecen indicar que los pobres y vilipendiados machos finalmente sí servimos para algo: nada menos que para evitar la extinción de las especies.

24 de mayo de 2015

1 Sexual selection protects against extinction. Alyson J. Lumley et al. Nature (2015). www.nature.com/doifinder/10.1038/nature14419

LA PERVERSIDAD DE LOS EXOSOMAS TUMORALES

Los exosomas se revelaron así como un medio para que una célula afectara el comportamiento de otras

ES POSIBLE QUE nos sintamos abrumados por la cantidad de conocimiento que la Humanidad, gracias a la empresa científica, ha ido acumulando sobre la Naturaleza. El conocimiento es ya de tal magnitud que puede parecer a algunos que lo conocemos todo. Sin embargo, lejos de ello, la ciencia sigue desvelando nuevos y cada vez más fascinantes procesos. Y no solo los desvela, sino que los estudia incansablemente para comprender su funcionamiento y averiguar también si pueden sernos útiles de alguna forma.

Sorprendente es, sin duda, el descubrimiento de los llamados exosomas, o vesículas extracelulares. Son estos unos corpúsculos de solo 30 a 100 nanómetros de diámetro, es decir, de talla comparable a la de los virus, que es de 20 a 300 nanómetros (un milímetro tiene un millón de nanómetros). Como su nombre indica, los exosomas son vesículas secretadas al exterior por las células. Inicialmente descubiertos en 1987, nadie les dio demasiada importancia hasta que, en 2007, investigadores de la Universidad de Goteburgo, en Suecia, descubrieron que estas vesículas transportaban en su interior una interesante carga, compuesta de un conjunto de proteínas conservado evolutivamente (es decir, similar en diferentes especies relacionadas), así como de ARN mensajeros y ARN de interferencia, e incluso fragmentos de ADN.

La presencia de proteínas y material genético en los exosomas sugería que tal vez pudieran servir de modo de transporte de esos materiales entre células vecinas, o no tan vecinas. La presencia de exosomas se detectó en los principales fluidos corporales, incluida la sangre, lo que indicaba que podían transportar su carga a sitios distantes del organismo. En efecto, otros estudios indicaron que los exosomas producidos por unas células podían ser captados por otras, y que los ARN mensajeros y de interferencia afectaban a la producción de proteínas por la célula que los había captado.

Los exosomas se revelaron así como un medio para que una célula afectara el comportamiento de otras, en este caso proporcionando además los materiales requeridos para hacerlo, sin depender de que la célula receptora los fabricase ella misma. Esta última situación es la que se da, por ejemplo, cuando las hormonas actúan. Estas dan solo órdenes a las células de que se pongan a fabricar otras proteínas, o de poner en marcha o apagar sus propios genes y cambiar así su función. Los exosomas, sin embargo, no funcionarían de la misma forma.

MENSAJES DEL EXTERIOR

Las consideraciones anteriores abrían la puerta a la posibilidad de que los exosomas sirvieran para que las células que los producían indicaran a las células cercanas que debían adaptarse a los cambios en el entorno que las primeras habían detectado. Sería como si las células que primero detectan un cambio, o una amenaza, produjeran exosomas cargados de herramientas moleculares que ayudaran a sus compañeras, así como a ellas mismas, a hacer frente a la situación. En efecto, un estudio publicado en el año 2010 reveló que células tumorales sometidas a bajos niveles de oxígeno secretaban exosomas que podían estimular la formación de nuevos capilares sanguíneos o favorecían las metástasis, es decir, o aumentaban el aporte de oxígeno o estimulaban a otras células a escapar del entorno con bajo oxígeno y emigrar a otro lugar más favorable donde seguir creciendo.

Un problema de estos estudios era, no obstante, que se habían realizado solo en células cultivadas en el laboratorio. Aunque este tipo de estudios son importantes para revelar lo que puede o no puede suceder en biología, no son siempre indicativos de lo que sucede en el animal vivo. En este sentido, continuaba sin conocerse si exosomas secretados por algunas células de un tumor, podrían afectar a otras células tumorales a formar metástasis o a cambiar su comportamiento biológico de alguna otra forma.

Los experimentos en seres vivos son siempre técnicamente mucho más complicados que los realizados con células cultivadas. Algunos investigadores habían inyectado a ratones exosomas purificados a partir de los producidos por células tumorales en cultivo para estudiar sus efectos, pero esto tampoco es indicativo de lo que sucede con la generación e incorporación de exosomas en el interior de un tumor, en el cual las células pueden estar intercambiándose exosomas entre sí dependiendo de varios factores, como la presencia de nutrientes, niveles de oxígeno, etc., lo cual puede modificar su comportamiento y su malignidad.

Ahora, un grupo de investigadores de varios Centros de investigación holandeses desarrollan un nuevo método basado en las modernas técnicas de biología molecular. Este método les permite cargar a los exosomas producidos por células tumorales con una proteína capaz de activar un gen particular en las células que los captan. La actividad de este gen se convierte así en una indicación segura de que una célula ha captado exosomas, lo que permite ahora estudiar qué modificaciones suceden en su comportamiento. Igualmente, los investigadores utilizan una técnica microscópica que les permite visualizar el trasiego de exosomas en el interior de un tumor.

Los científicos descubren así que las células tumorales más malignas producen exosomas que son captados por las menos malignas, lo que incrementa su capacidad de formar metástasis, es decir, las convierte en tan malignas como las primeras. Este interesante descubrimiento, publicado en la revista *Cell*[1], como tantas veces, abre la puerta a la posibilidad de intervenir sobre este mecanismo con nuevos fármacos que bloqueen la generación de exosomas en las células tumorales y que impidan así la diseminación de un comportamiento tumoral metastático, el más peligroso para la vida de los pacientes.

31 de mayo de 2015

---

1 Zomer et al., In Vivo Imaging Reveals Extracellular Vesicle-Mediated Phenocopying of Metastatic Behavior, Cell (2015), http://dx.doi.org/10.1016/j.cell.2015.04.042

CUANDO YA NO SIGA LA CORRIENTE

En esta ocasión, las causas no son geológicas, sino biológicas: los actos de nuestra insaciable especie animal

MIENTRAS ALGUNOS SIGUEN debatiendo qué es lo que nos hace humanos, bien podemos decir que una de las características de nuestra especie es la de desvelar la realidad al tiempo que la niega cuando no le conviene. Por ejemplo, la Humanidad lleva negando la muerte desde que fue consciente de ella. Hoy, se empeña en negar realidades que, no obstante, debido a su invencible tozudez, se acabarán imponiendo, como no puede ser de otro modo.

Uno de los hechos que se ha intentado negar por parte de algunos a quienes este hecho no interesa, es el cambio climático. En realidad, no es tanto el cambio climático lo que niegan como que sus causas sean debidas a la actividad humana, en particular a la emisión de gases de efecto invernadero, sobre todo el dióxido de carbono (CO_2). Hace alrededor de dos años, el observatorio localizado en el volcán Mauna Loa, en Hawái, determinó que los niveles de CO_2 atmosférico habían sobrepasado las 400 partes por millón (ppm). Hoy superan las 403. Recuerdo que cuando era pequeño, creo que en tercero o cuarto de bachillerato, me enseñaron que los niveles de CO_2 por aquellos años eran de unas 325 ppm. Así pues, en el trascurso de mi aún no muy larga vida –que a escala geológica es y será tan solo un mero instante–, los niveles de CO_2 en la atmósfera han subido más de un 20%. Es evidente que este CO_2 surge del empleo de combustibles fósiles como fuente de energía. Sabemos cuantos barriles de petróleo y toneladas de carbón hemos quemado y la cantidad de CO_2 que ha originado su combustión, y ese valor y el incremento atmosférico son coherentes. Está igualmente demostrado que este gas no deja que el calor en forma de radiación infrarroja abandone el planeta con facilidad, lo que acaba por aumentar su temperatura media. Es cierto, ha habido otras épocas en la Tierra de importantes cambios climáticos; la que vivimos no es la única que ha sufrido el planeta, pero parece claro que, en esta ocasión, las causas no son geológicas, sino biológicas: los actos de nuestra insaciable especie animal.

Sin embargo, aunque haber determinado las causas primarias del calentamiento global es importante, también lo es intentar predecir las consecuencias del mismo. Así, los científicos que se dedican al estudio del clima conocen que este, en las diferentes regiones del planeta, es muy dependiente de la circulación de las corrientes marinas. ¿Afecta el calentamiento planetario a dichas corrientes, lo que podría a su vez conllevar otros efectos climáticos menos obvios?

Las corrientes marinas se originan, precisamente, por diferencias de temperatura entre distintas regiones de la Tierra. El agua marina se calienta en las zonas tropicales, lo que hace que se mantenga en la superficie, pero el agua se enfría en latitudes más al norte, lo que causa que se hunda hacia el fondo. Es el agua que se hunde por el frío en el norte la que hace que se dirija hacia allí el agua que se ha calentado en el sur, generándose así gigantescas corrientes, como la del Golfo. Esta corriente transporta el calor de los trópicos hacia nuestras latitudes y más allá, y es la que consigue que países como Irlanda, Escocia, Noruega, Suecia o Dinamarca sean razonablemente habitables en invierno.

CORTACIRCUITO DE AGUA DULCE

El calentamiento atmosférico debido al incremento de CO_2 está teniendo un importante efecto sobre el hielo que desde Groenlandia se funde y se vierte en el Atlántico Norte. El agua procedente de este deshielo es dulce, por lo que flota por encima del agua salada debido a su menor densidad. Esta agua dulce acumulada en la superficie del océano actúa como una barrera para el progreso hacia el norte de la corriente del Golfo, la cual, al ser de agua salada y encontrarse con agua dulce menos densa en la superficie, se hunde antes de tiempo no porque se haya enfriado, sino porque es más densa. Este hundimiento prematuro podría impedir que el calor que transporta esta corriente alcance latitudes más altas, lo que causaría un enfriamiento de dichas áreas, que no podrían recibir el calor de la corriente, y un calentamiento de las zonas tropicales, que no podrían evacuar su exceso de calor. En otras palabras, la temperatura media del planeta sería más alta, pero algunas zonas estarían mucho más calientes y otras, más frías de lo normal. La distribución del calor sería menos homogénea a escala planetaria.

Un estudio reciente publicado en la revista *Nature Climate Change*[1] indica que esto es lo que está sucediendo. Mientras la temperatura del agua en las zonas tropicales del Atlántico se ha calentado hasta batir récords, lo contrario ha sucedido en el Atlántico Norte, que también ha batido récords, pero de las temperaturas más frías. Los autores del estudio estiman la intensidad de la corriente del Golfo en los últimos siglos, mediante la medida de cambios en los arrecifes de coral, anillos de los árboles, y otros parámetros que pueden indicar la distribución del calor en el océano. Lo que encuentran es que, de acuerdo a esos parámetros, la corriente del Golfo ha declinado de manera importante a partir de 1970. Los autores estiman que, de seguir esta tendencia, existe al menos un 10% de probabilidad de que la corriente del Golfo se detenga por completo de aquí a final del siglo.

Por supuesto, de llegar a suceder, semejante situación causaría importantes cambios climáticos en nuestras latitudes, cambios tal vez irreversibles que conllevarán serios desequilibrios sociales, económicos e incluso políticos. El cambio climático no es solo cuestión de temperatura.

7 de junio de 2015

1 Exceptional twentieth-century slowdown in Atlantic Ocean overturning circulation. Stefan Rahmstorf et al. Nature Climate Change 5, 475–480 (2015) http://www.nature.com/nclimate/journal/v5/n5/full/nclimate2554.html

ORIGEN EVOLUTIVO DEL VENENO

Esta potente hormona modificada, inyectada en una picadura, se convertiría en un eficaz veneno

ADEMÁS DE SU utilidad para el desarrollo tecnológico, la ciencia nos es también muy útil en el ámbito intelectual. La ciencia nos permite aproximarnos a comprender mejor el mundo y a poder explicar ciertas de sus características desde un punto de vista lógico y racional, alejando de nosotros la desagradable idea de la caprichosa levedad de la Naturaleza.

Una de las ideas científicas que más ha ayudado a establecer que las cosas en la Naturaleza no suceden, en general, por capricho, sino más bien por necesidad, es la evolución de las especies. Esta poderosa idea, hoy confirmada por enorme cantidad de evidencias científicas que se extienden desde el ámbito molecular al ámbito anatómico, permite comprender cómo y por qué diferentes tipos de animales y plantas pueblan hoy el mundo, todos ellos derivados de un ser vivo inicial, del que, bien es cierto, la ciencia todavía no conoce sus características ni los detalles de su origen.

Sin embargo, la evolución de las especies es un concepto que debe permitirnos no solo comprender, por ejemplo, por qué y cómo los ancestros terrestres de las ballenas perdieron las patas y desarrollaron aletas, sino prácticamente todas las propiedades y capacidades de las especies hoy vivas sobre el planeta. A este respecto, una de las propiedades de algunos seres vivos tan agradables como las arañas, las escolopendras o las serpientes, aún no era completamente comprendida: ¿de dónde y cómo surge su veneno?

El estudio de los componentes de los venenos de estos y otros animales ha revelado que están compuestos por numerosas sustancias, las cuales, en general, poseen una potente actividad neurotóxica. Al impedir el funcionamiento de las neuronas, las presas envenenadas mueren o son inmovilizadas, y son así fácilmente capturadas.

Desde un punto de vista evolutivo, tiene sentido que algunas especies pudieran desarrollar esta estrategia para sobrevivir. No obstante, no todo lo que tiene sentido es posible. Por ejemplo, tiene mucho sentido desplazarse sobre ruedas para recorrer grandes distancias, moverse más rápido y escapar de los predadores o capturar mejor a las presas, pero ningún ser vivo las ha podido desarrollar. Todos los animales deben conformarse con sus extremidades porque carecen de ruedas.

Por consiguiente, si algunos animales han desarrollado potentes venenos a lo largo de la evolución es no solo porque tiene sentido para ellos, sino también porque es posible. ¿Por qué y cómo han podido surgir los venenos de los animales venenosos?

INSULINA VENENOSA

Una primera evidencia para comprender el origen de las sustancias venenosas la proporcionó el estudio del animal más venenoso del mundo, que no es una serpiente, sino, curiosamente, un caracol marino: *Conus geographus*. Estos caracoles, habitantes del océano Índico y el mar Rojo, secretan un poderosísimo veneno, compuesto de cientos de toxinas que atacan al sistema nervioso de los escurridizos peces de los que se alimentan, inmovilizándolos, lo que les concede el tiempo necesario para capturarlos, a pesar de su legendaria lentitud. Hace unos meses, se realizó el sorprendente hallazgo de que uno de los componentes mayoritarios de este veneno era una variante de la hormona insulina. Esta variante, mucho más potente que la original, producía un choque hipoglucémico en los peces que acababa por afectar seriamente al funcionamiento de las neuronas, células que necesitan absolutamente de glucosa como fuente de energía.

Se hace ahora más fácil comprender el origen de los venenos. Estos podrían surgir de modificaciones moleculares (mutaciones) de las propias sustancias corporales que poseen una actividad necesaria para el control de los procesos biológicos. Así, el gen de una hormona podría ser copiado (el animal guarda el original no mutado, ya que le resulta necesario) y esta copia podría sufrir mutaciones que, poco a poco, la irían convirtiendo en una sustancia más potente que la hormona original, lo que la haría tóxica. Definitivamente, una insulina tan potente que cause hipoglucemia aguda no es conveniente para el control de la glucosa en sangre. En cambio, esta potente hormona modificada, inyectada con una mordedura o picadura, se convertiría en un eficaz veneno. El mismo tipo de evolución puede haber generado las otras toxinas componentes de los venenos, derivadas de otras hormonas o proteínas normales.

En efecto, ahora, investigadores de la universidad de Queensland, en Australia, estudian los componentes de venenos de arañas y miriápodos (escolopendras), y encuentran que otra hormona, esta vez de la familia de los neuropéptidos, es decir, pequeñas proteínas que regulan la actividad neuronal, se ha convertido en una potente toxina por el proceso evolutivo mencionado antes[1]. En este caso, la hormona original también participaba en el control de la glucosa. Esta evolución se ha producido de manera independiente en ambos tipos de animales, lo que supone un ejemplo interesante de la llamada evolución convergente, es decir, la aparición de una propiedad o capacidad similar en animales de diferentes clases, como arácnidos y miriápodos.

Desde el punto de vista molecular, los investigadores descubren que esta toxina posee un núcleo estructural común con la hormona de la que deriva, el cual funciona como una especie de andamio, sobre el que se pueden hacer otras modificaciones "de diseño", las cuales permitirán tal vez generar derivados con propiedades farmacológicas que, lejos de envenenar, podrán tal vez servir para curar o al menos aliviar ciertas enfermedades. En este sentido, ya se estudia llevar a cabo investigaciones para modificar la toxina del caracol marino, encaminadas a conseguir un derivado de la insulina que permita tratar mejor la diabetes. La evolución, sin duda, relaciona de manera íntima la vida y la muerte, pero, gracias a la ciencia, permite también relacionar salud y enfermedad.

14 de junio de 2015

1 Undheim et al., Weaponization of a Hormone: Convergent Recruitment of Hyperglycemic Hormone into the Venom of Arthropod Predators, Structure (2015), http://dx.doi.org/10.1016/j.str.2015.05.003

BOMBONAS DE OXÍGENO PARA LAS CÉLULAS MADRE

La generación de nuevos tejidos en el laboratorio a partir de células madre no es tarea fácil

ALGUNAS VECES, LA ciencia da un salto de gigante y nos ofrece un avance espectacular en algún área del conocimiento o de la tecnología; otras, se estanca y promete el avance en un futuro que siempre se encuentra a la misma distancia del presente, como sucede, de momento, con la fusión nuclear, cuya consecución parece encontrarse a 30 años en el futuro desde hace ya más de 30 años. Otras veces, por último, la ciencia avanza poco a poco, aunque sin pausa, acercándose a un objetivo que podrá tal vez cambiar el futuro de la Humanidad. Un ejemplo de esta última situación nos la ofrece la ingeniería de tejidos.

Esta tecnología biomédica intenta generar en el laboratorio órganos o tejidos que puedan servir para sustituir o reparar los que pueden haberse dañado debido al envejecimiento o a lesiones. Por ejemplo, persigue generar hueso o cartílago para la regeneración de articulaciones deterioradas. Igualmente, persigue la generación de órganos funcionales completos, como el páncreas, el hígado o el corazón.

La generación de estos tejidos y órganos se pretende realizar a partir de células madre aisladas del propio paciente, con lo que se evitaría el problema del rechazo. Las células del nuevo órgano serían identificadas como propias por el sistema inmune del paciente, lo que no sucede en los trasplantes tradicionales, que requieren por ello de un continuado tratamiento inmunosupresor para inducir la tolerancia.

La generación de nuevos tejidos en el laboratorio a partir de células madre no es tarea fácil. Aunque la ciencia ha avanzado mucho en la comprensión de los factores moleculares necesarios para conseguir que las células madre se conviertan en células adultas especializadas del órgano o tejido que deseamos generar, estamos lejos de poder imitar las condiciones de organogénesis que se producen durante el desarrollo embrionario. Estas condiciones garantizan un continuo aporte de nutrientes y oxígeno al órgano en crecimiento, el cual no desarrolla solo las células de la función que le son propias (hepatocitos en el caso del hígado, por ejemplo), sino también células del sistema vascular que lo irrigan de sangre a medida que crece.

La generación artificial de tejidos se ha limitado a inducir el crecimiento y la diferenciación hacia células adultas de células madre que se hacen crecer en medio nutritivo y sobre un soporte poroso que imita la organización tridimensional del tejido que se desea generar. El soporte funciona como un andamio en el que se van colocando los "ladrillos" (células) y elementos estructurales del tejido. Este método resulta relativamente eficaz para la generación de tejidos como la piel, el cartílago o el hueso.

Sin embargo, este procedimiento se ha topado con el importante problema de que las células de la periferia del andamio dificultan seriamente la correcta difusión del oxígeno hacia el interior. Esto impide la generación adecuada de tejido de manera homogénea en todas las regiones del soporte y produce áreas de necrosis (células muertas) o degradación por inadecuada oxigenación de esas partes. Si deseamos conseguir una suficiente difusión del oxígeno, debemos limitarnos a generar solo pequeños trocitos de tejido, los únicos con el tamaño adecuado para que el oxígeno pueda llegar a todas las regiones de los mismos.

NECESITAN UN RESPIRO

Se han empleado diversas estrategias para intentar mejorar la difusión del oxígeno durante el crecimiento de las células, que incluyen la compresión mecánica o la difusión forzada. Sin embargo, estas técnicas influyen negativamente en la formación de los tejidos. Se ha intentado también generar vasos sanguíneos a la vez que se hace crecer el tejido, pero faltos de un corazón que bombee la sangre, la vascularización no produce los resultados deseados. Mejores resultados se han conseguido utilizando como andamio biomateriales que almacenan oxígeno, como peróxido de calcio, que se descompone poco a poco y libera este gas. No obstante, esto tampoco se ha revelado como la estrategia ideal.

Ahora, investigadores de varias universidades del Reino Unido desarrollan un nuevo método que intenta imitar la capacidad del músculo para almacenar oxígeno[1]. Los músculos esqueléticos de los mamíferos contienen la proteína mioglobina, la cual almacena el oxígeno captado a partir de la hemoglobina de la sangre. Delfines y ballenas poseen músculos particularmente ricos en esta proteína, lo que les permite sumergirse por largos minutos. Esos animales llevan sus particulares "bombonas de oxígeno" en sus propios músculos.

Los investigadores desarrollan un nuevo procedimiento que consigue modificar químicamente la mioglobina sin que por ello pierda sus capacidades de almacenaje de oxígeno. La modificación química logra que la mioglobina, con su carga de oxígeno, se una de manera reversible a las membranas del citoplasma de las células madre. Estas van ahora provistas también de una "bombona de oxígeno" molecular.

Tratando a las células madre con esta mioglobina modificada antes de inducirlas a crecer en el soporte correspondiente, los investigadores son capaces de generar cartílago en el laboratorio y evitar las áreas de necrosis y degeneración que eran propias de esta tecnología. La nueva técnica permite también generar tejidos de dimensiones muy superiores a las que eran posibles hasta ahora.

Aunque todavía no lo han probado, los investigadores creen que este nuevo método permitirá crecer en el laboratorio tejidos u órganos de gran tamaño, como huesos completos o incluso el corazón. Puede que nos encontremos frente a un importante avance.

21 de junio de 2015

1 Armstrong et al. (2015). Artificial membrane-binding proteins stimulate oxygenation of stem cells during engineering of large cartilage tissue. http://www.nature.com/ncomms/2015/150617/ncomms8405/full/ncomms8405.html

HACIA LA "DESCANCERIZACIÓN" DE LOS TUMORES

Las personas con la mala suerte de haber heredado un gen Apc mutado desarrollan cáncer colorrectal

EL CÁNCER SIGUE siendo uno de los problemas de salud más importantes del mundo desarrollado. De entre sus diferentes tipos, el cáncer colorrectal es el segundo en importancia en cuanto al número de muertes causadas se refiere. Casi la mitad de la población de los países avanzados sufrirá al menos una lesión benigna cancerosa de colon a lo largo de su vida.

Como sabemos, en general, el tratamiento de los diversos tipos de tumores se lleva a cabo mediante procedimientos que intentan matar a las células tumorales. Estas terapias intentan evitar la reproducción de las células cancerosas atacando al ADN o a los mecanismos moleculares implicados en la reproducción celular. Por desgracia, este tipo de terapia no siempre funciona, y la cirugía, siempre que pueda hacerse y siempre que se haga antes de que se hayan formado metástasis, es el procedimiento terapéutico más eficaz para extirpar los tumores. Sin embargo, no siempre los tumores colorrectales se diagnostican a tiempo para que la cirugía pueda erradicarlos.

El cáncer es una enfermedad genética. Esto quiere decir que solo se produce por mutaciones en ciertos genes que transforman a las células normales en tumorales, lo que las induce a dividirse sin freno y a invadir los tejidos circundantes. Estas mutaciones, sin embargo, no son necesariamente heredables, ya que se producen en las células de nuestro cuerpo después de haber heredado genes normales de nuestros padres. Por ejemplo, el tabaco o la contaminación pueden causarlas ya en la edad adulta.

No obstante, en un número de casos, las mutaciones se han podido producir en óvulos o espermatozoides, con lo que sí son heredables y transmisibles. En el caso del cáncer colorrectal, ambos tipos de mutaciones contribuyen a su desarrollo, unas en unas personas y otras, en otras.

Los estudios moleculares del cáncer colorrectal han revelado que del 80 al 90% de ellos contienen mutaciones en el gen denominado Apc (Adenomatous polyposis coli). Las personas con la mala suerte de haber heredado un gen Apc mutado que no funciona desarrollan cáncer colorrectal invariablemente antes de los 35 años de edad, lo que da una idea de la importancia de contar con un gen Apc normal.

MUTACIONES NECESARIAS

La investigación científica ha desvelado también que este gen produce una proteína fundamental para la regulación de los estímulos de división celular y la adhesión de unas células con otras, lo que de no funcionar bien puede contribuir a que, una vez el tumor se ha desarrollado, las células tumorales se despeguen y generen metástasis. No obstante, las mutaciones que inactivan Apc, aunque pueden ser necesarias, no son suficientes para el desarrollo de los tumores de colon. Las mutaciones en Apc producen adenomas benignos, pero no tumores. Son necesarias mutaciones adicionales en otros genes que también participan en el control de la división celular para que el tumor se desarrolle. Dos de los genes más importantes en este aspecto son los llamados p53 y Kras. Mutaciones en estos genes junto con las mutaciones en Apc sí conducen con alta probabilidad al desarrollo de tumores colorrectales.

Aún desconocido en el caso de este tipo de tumores era si una vez iniciados por mutaciones en el gen Apc y en otros genes, si las mutaciones en el gen Apc seguían siendo o no necesarias para mantener a las células en tanto que células tumorales. En otras palabras, podría suceder que una vez generadas mutaciones en p53 y Kras y desarrollado el tumor, ya no fuera necesario que Apc estuviera también mutado para que el tumor siguiera creciendo. En este caso una terapia encaminada a restaurar su función no serviría de nada. Al contrario, podría ocurrir que incluso con esas mutaciones en p53 y Kras, las mutaciones en Apc fueran necesarias para que el tumor siguiera desarrollándose, en cuyo caso una estrategia terapéutica para restaurar la función de Apc podría resultar eficaz.

Investigadores del Centro de Investigación Memorial Sloan Kettering, en Nueva York, abordan el estudio de esta cuestión utilizando ratones a los que se ha modificado genéticamente de manera que se puede encender o apagar el funcionamiento del gen Apc mediante la administración de un fármaco en su alimentación[1]. La administración continuada del fármaco "apaga" el gen Apc, y cuando se deja de administrar en la dieta, el gen se vuelve a "encender".

Los investigadores encuentran que en los ratones tratados con el fármaco, en los que el gen Apc está "apagado", se observan todos los pasos conducentes a la generación de tumores del colon: formación de adenomas benignos seguida de su malignizacion debida a mutaciones en p53 y Kras. ¿Qué pasará ahora con los tumores de esos animales si encendemos el gen Apc al eliminar el fármaco de su alimentación?

Los investigadores encuentran que, sorprendentemente, al eliminar el fármaco de la alimentación y encender así el gen Apc, los tumores que los ratones han desarrollado desaparecen, las células tumorales dejan de serlo y vuelve a restablecerse el equilibrio homeostático del colon, incluso si las células tienen mutaciones en p53 y Kras. Estos resultados indican que fármacos o procedimientos encaminados a restablecer la función perdida del gen Apc podrían resultar en terapias eficaces para "descancerizar" este prevalente tipo de tumor, que causa la muerte de cientos de miles de personas al año.

28 de junio de 2015

1 Dow et al., Apc Restoration Promotes Cellular Differentiation and Reestablishes Crypt Homeostasis in Colorectal Cancer, Cell (2015), http://dx.doi.org/10.1016/j.cell.2015.05.033

MORALIDAD FARMACOLÓGICAMENTE MODULADA

Su tendencia natural es la de preferir hacerse daño sí mismo antes que hacérselo a los demás

NUESTRA INTUICIÓN SOBRE lo que debe ser un comportamiento normal en nuestros congéneres ha sido confirmada por la ciencia. Varios estudios han confirmado que el ser humano siente una aversión natural a dañar a otros, sentimiento que se ve comprometido en casos de conducta antisocial, lo que puede también participar en el estallido de episodios de violencia física en personas que son deficientes en esta capacidad empática. ¿Qué es lo que la hace funcionar normalmente?

En el mundo precientífico –en el que aún viven demasiadas personas, y así nos va–, el comportamiento antisocial o agresivo se atribuía a "fuerzas del mal", de naturaleza espiritual, que intentaban apoderarse del alma humana. Sin embargo, numerosos estudios científicos han revelado que la agresividad, entre otras características que pueden impactar en nuestra integración social, depende del correcto equilibrio metabólico de ciertos neurotransmisores, en particular de los conocidos serotonina y dopamina, involucrados también en procesos depresivos o en enfermedades como el Parkinson.

Aunque parezca mentira, no solo es falso que el ser humano posea una tendencia natural hacia la agresión al otro, sino que, al contrario, como han demostrado también estudios de psicología social, su tendencia natural es la de preferir hacerse daño sí mismo antes que hacérselo a los demás. Esta disposición tan humana y humanitaria se ha denominado hiperaltruismo y, sin duda, está relacionada con valores morales que participan en la evaluación de lo que está bien y de lo que está mal. De nuevo, desde el punto de vista del funcionamiento del cerebro, es posible que esta tendencia natural nuestra dependa también del correcto equilibro homeostático de los mismos neurotransmisores que afectan a nuestra agresividad.

Investigadores en Psicología Experimental de las Universidades de Oxford y de Londres, deciden explorar esta posibilidad. Para ello, diseñan un interesante experimento con personas todo lo normales que pueden ser, considerando que aceptan participar como voluntarios en un experimento psicológico[1]. Como en todo experimento, se hace necesario manipular los factores que creemos pueden afectar al hecho que estamos estudiando. En este caso, los factores son las cantidades de neurotransmisores que se encuentran normalmente en el cerebro. Manipular esos neurotransmisores es hoy fácil gracias a la existencia de fármacos específicos que afectan a su producción o a su funcionamiento.

Los investigadores administran dos fármacos a los voluntarios: citalopram y levodopa. Citalopram actúa incrementando la cantidad de serotonina en las conexiones neuronales. La levodopa, por otra parte, consigue que se generen mayores cantidades de dopamina.

Los voluntarios (175) fueron separados en dos grupos, uno al que se administró citalopram (89) y otro al que se administró levodopa (86). Aproximadamente a la mitad de los incluidos en cada grupo se les administró un placebo, es decir, una píldora idéntica a la que contiene el medicamento, pero "vacía", o sea, que no lo contiene. Esto permite evaluar adecuadamente los efectos de los fármacos.

Verdugos por dinero

Tras administrarles los medicamentos, los voluntarios participaron en un "juego de rol". La mitad desempeñó el rol de "verdugo" y la otra mitad, el rol de "sufridor". Se establecieron así parejas al azar en las que la identidad de los compañeros se mantuvo secreta, es decir, nadie conocía quién le hacía sufrir o a quién iba a hacer sufrir. En este juego, los investigadores utilizan ahora el hecho de que el hiperaltruismo puede ser modulado con

1 Crockett et al., 2015, Dissociable Effects of Serotonin and Dopamine on the Valuation of Harm in Moral Decision Making. Current Biology 25, 1–8. http://www.cell.com/current-biology/pdf/S0960-9822%2815%2900595-3.pdf

dinero. Si te pago una cantidad para que inflijas daño a otro tal vez lo hagas. Una tendencia también muy humana, ¿verdad?

El daño se provocaba mediante ligeras descargas eléctricas con una intensidad de corriente que solo generaba el mínimo dolor posible. Los "verdugos", que habían sido sometidos a las descargas eléctricas para que supieran el dolor que causaban, pasaban solos a una habitación con un ordenador, donde iban a tomar 172 decisiones que suponían infligir dolor a cambio de dinero. A cada ocasión, se les ofrecía una cantidad de dinero variable por un conjunto de descargas eléctricas, aunque a más descargas eléctricas, más dinero. Por ejemplo, 10 euros por administrar 10 descargas, 8 euros por 5 descargas, etc. El verdugo debía decidir si aceptaba el trato o no. La mitad de los tratos implicaban descargas que el propio verdugo recibía; la otra mitad las recibía el sufridor, pero en todos los casos era el verdugo quien cobraba el dinero. Estas decisiones eran simuladas, es decir, nadie recibía las descargas. Sin embargo, uno de estos conjuntos de descargas sí iba a ser infligido al sufridor, de manera que el verdugo sabía que alguna de sus decisiones iba a tener una consecuencia real para otra persona.

¿Qué sucedió? Quienes tomaron placebo estuvieron dispuestos a perder unos 35 peniques por descarga si esta era para ellos, o unos 44 peniques por descarga si era para el sufridor. Quienes habían recibido citalopram, en cambio, demostraron ser mejores personas para sí mismos y para los demás, ya que estuvieron dispuestos a perder 60 peniques cuando la descarga era para ellos y 73 cuando era para el sufridor. Sin embargo, quienes recibieron levodopa vieron anulado su hiperaltruismo y aceptaron perder solo 35 peniques para evitar una descarga tanto si era para ellos como si era para el sufridor. Estas personas también dudaban menos en administrar descargas a los sufridores que quienes habían recibido placebo.

Estos estudios parecen confirmar que nuestra capacidad moral depende de alguna manera de nuestros neurotransmisores e indican que quienes estén bajo tratamiento con algunos fármacos que modulan la actividad neurotransmisora pueden ver afectada su capacidad de juicio moral, para bien o para mal de ellos mismos y de los demás.

5 de julio de 2015

La Extinción De Los Abejorros Sureños

Los estudiosos del calentamiento global no se conforman con registrar la evolución de las temperaturas de un año para otro

EL FUERTE CALOR que hemos experimentado estos días puede ser un signo más del calentamiento global; sin embargo, no tiene por qué ser necesariamente así. Los defensores de que este cambio no se está produciendo argumentan que las variaciones puntuales de temperatura no son suficientes para afirmar que el calentamiento es real. Tienen razón.

Es cierto que la temperatura puede fluctuar mucho de año en año dentro de la misma estación, y es también cierto que no todos los años se rompen sistemáticamente los récords de temperaturas. Tal vez esta razón influya en el hecho de que los estudiosos del calentamiento global no se conforman con registrar la evolución de las temperaturas de un año para otro. Buscan igualmente otros signos indicativos del cambio climático, en particular, investigan los efectos que el calentamiento debería producir en los ciclos de vida y en la distribución geográfica de algunas especies de animales o de plantas que no podrían sobrevivir si la temperatura media estacional sobrepasara un umbral crítico.

En efecto, los estudios realizados en diferentes ecosistemas indican que algunas especies han visto modificados los periodos de sus ciclos de vida. Por ejemplo, la floración de determinadas plantas se ha adelantado a su tiempo normal en algunas latitudes. Al mismo tiempo, algunas especies han modificado el área geográfica que habitan y, en general, han migrado a latitudes más norteñas y, por tanto, más frescas. Estas migraciones pueden hacer desaparecer algunas especies de zonas geográficas del sur y hacerlas aparecer en otras del norte, con los consiguientes efectos en el equilibrio de los ecosistemas.

Lógicamente, este fenómeno no sucede con todas las especies, ya que depende del grado de tolerancia de cada una al calor, el cual a su vez deriva de su historia evolutiva y de su capacidad de adaptación. Igualmente, estos cambios de distribución geográfica obedecen a su vez a la capacidad de otras especies de hacer o no lo mismo. Si la alimentación de una especie depende de manera fundamental de otra que, por la razón que sea, no migra hacia el norte a pesar del calentamiento, esto impedirá la migración de la primera a esas latitudes. Por consiguiente, los cambios en la distribución geográfica de las especies no dependen solo del efecto del calentamiento sobre una especie en particular, sino del efecto combinado de dicho calentamiento sobre todas las especies de un ecosistema dado. Esto explica por qué algunas especies pueden migrar y adaptarse, y otras no pueden hacerlo, lo que pone en riesgo su propia supervivencia.

POLINIZACIÓN AMENAZADA

Sin embargo, la extinción o el mero declive de alguna especie particular puede afectar a un ecosistema de manera crítica, es decir, no todas las especies son igual de importantes para el equilibrio de los ecosistemas. Puesto que estos dependen, en primer lugar, de la buena salud de las plantas, de las que todas las especies animales se alimentan, aquellas especies con un mayor impacto sobre esta salud desempeñarán un papel más importante en el mantenimiento de los ecosistemas. Entre ellas, los insectos polinizadores resultan fundamentales, ya que favorecen la reproducción de las plantas con flores. ¿Cómo está afectando el calentamiento global a la distribución de este tipo de insectos?

Para intentar averiguarlo, un grupo de investigadores han estudiado los cambios de distribución geográfica de las especies de abejorros, uno de los grupos de insectos que más contribuyen a la correcta polinización de numerosas especies de plantas. Estos insectos son, además, fácilmente visibles y se han recopilado datos desde hace más de un siglo por distintos organismos americanos o europeos sobre los lugares y fechas donde se han visto.

Haciendo uso de esos datos, los investigadores recopilan alrededor de 423.000 observaciones realizadas con 67 especies de abejorros en Europa y Norteamérica desde el año 1901 al 2010. Los investigadores eligen los años de 1901 a 1974 como periodo de referencia, en el que el calentamiento global no se había producido con intensidad, y los comparan a los periodos de 1975 a 1986, de 1987 a 1998, y de 1999 a 2010, años en los que el calentamiento parece haberse acelerado[1].

Los científicos esperaban comprobar que al menos algunas especies de abejorros habrían migrado a latitudes más nórdicas, y que esta migración habría sido más importante en los últimos años, pero, sorprendentemente, no fue esto lo que observaron. Los abejorros sí ocuparon altitudes más elevadas, en las que antes no se adentraban, confirmando de este modo que, en efecto, esas mayores altitudes han adquirido ahora temperaturas más adecuadas para la vida de los abejorros. Sin embargo, no se ha producido ninguna migración hacia latitudes situadas más al norte.

Esta ausencia de migración podría querer indicar que los abejorros pueden adaptarse bien al calentamiento global, y no necesitan migrar de sus áreas de distribución, pero los investigadores encuentran que los abejorros han desaparecido de las latitudes localizadas más al sur de su distribución geográfica normal durante los años 1901 a 1974. Esto implica que su distribución geográfica se está estrechando, lo que puede afectar, por supuesto, a la distribución de los ecosistemas que ayudan a mantener.

¿Por qué los abejorros no migran al norte, como sí lo hacen otras especies? Puede ser porque necesiten recibir determinada intensidad lumínica del sol, puede ser porque necesiten una cierta intensidad del campo magnético terrestre, puede ser por muchas razones. Los investigadores lo desconocen. Deberán ponerse a estudiar este fenómeno para averiguarlo, lo que tal vez pueda ayudar a evitar el declive de estas importantes especies de insectos.

12 de julio de 2015

---

1 Jeremy T. Kerr et al. (2015). Climate change impacts on bumblebees converge across continents. Science, Vol. 349, 6244, pp. 177. http://www.sciencemag.org/content/349/6244/177.full

PECES GORDOS DE LAS CAVERNAS

Estas poblaciones acumulan mucha más grasa corporal que las otras

UNA DE LAS características más prominentes de la vida en nuestro planeta es que ocupa la práctica totalidad de los nichos ecológicos donde puede desarrollarse. La capacidad de adaptación de los seres vivos, si no ilimitada, sí es muy amplia y, en general, sorprendente. Podemos encontrar una gran variedad de criaturas en los lugares más insospechados, desde las cimas de los fríos montes a la oscuridad de profundas cuevas.

Obviamente, esta capacidad de adaptación depende de los genes, que son los que finalmente hacen posibles los mecanismos fisiológicos para adaptarse a diversas condiciones externas, como pueden ser un intenso calor o frio, la escasez de agua, o la escasez de alimentos. Es esta última condición la que encuentran con frecuencia, entre otros animales, los peces que moran las aguas acumuladas en el fondo de grutas y cavernas.

Los peces de las cavernas rara vez pueden llegar a ser peces gordos, debido a que el alimento escasea, y mucho. En la oscuridad de las grutas, las plantas no son capaces de crecer, faltas de toda luz, y no pueden ser ellas, por tanto, las que proporcionen el alimento que los peces necesitan. Estos se nutren a partir de las sustancias orgánicas arrastradas en los fangos y aguas de lluvia que llegan a las cavernas desde la superficie, o a partir de alimentos tan apetitosos como los excrementos de los murciélagos. ¿Cómo han evolucionado estos peces para adaptarse a estas terribles condiciones, que ni siquiera Ángela Merkel se atrevería a imaginar para los griegos?

Un grupo de investigadores de las universidades de Harvard y de Nueva York deciden estudiar este asunto mediante la comparación de posibles genes que pudieran contribuir a las adaptaciones de una especie de pez de las cavernas mexicano (*Astyanax mexicanus*). El interés de esta especie de pez reside, en primer lugar, en que existe una forma de la misma que habita en el exterior y una forma que habita las cavernas. Esto ya permite una comparación entre ellas para analizar los cambios evolutivos que se han producido entre una y otra. Sin embargo, no acaba aquí la historia. Existen igualmente diferentes poblaciones de peces cavernícolas en distintas cavernas, las cuales utilizan distintas estrategias de adaptación. Todas las poblaciones de *A. mexicanus* de las cavernas tienen un metabolismo más lento que las especies del exterior, y algunas solo pueden utilizar esta estricta austeridad energética como único medio de supervivencia. No obstante, además del ascetismo y la resistencia a la hambruna, las poblaciones de *A. mexicanus* de algunas cavernas son capaces de empapuzarse de comida en las raras ocasiones en las que esta es abundante, y almacenan así energía para cuando vengan tiempos peores. Estas poblaciones de peces acumulan mucha más grasa corporal que las otras, aunque la gastan también despacio, lo que les hace susceptibles a la obesidad. ¿Cuál es la causa genética de estas diferencias adaptativas?

LA HORMONA RESPONSABLE

Los estudios realizados por los investigadores, en los que comparan la secuencia de varios genes implicados en el control del metabolismo y del apetito, han identificado un gen, llamado MC4R, que podría explicar estas diferencias. Esto en sí mismo ya es un resultado sorprendente, porque en general las variaciones en un solo gen no son suficientes como para causar diferencias adaptativas importantes.

El gen MC4R produce una proteína receptora para la hormona melanocortina. Algunas variantes de este gen ya eran conocidas por estar relacionadas con el control de varias funciones importantes, según se activen mejor o peor frente a la hormona. Estudios con ratones de laboratorio, realizados a finales del siglo pasado y principios de este, revelaron que MC4R participa en el control del apetito y en el comportamiento sexual, incluida la función eréctil. En el año 2009, dos estudios de asociación genómica realizados con seres humanos encontraron que algunos cambios en la secuencia de ADN, localizados cerca de este gen, aunque no en el mismo, estaban asociados al desarrollo de obesidad y de diabetes de tipo 2. Finalmente, estudios más recientes han detectado una modificación de la proteína debida a un cambio de un aminoácido por otro que también se asocia a la obesidad. Hoy se albergan pocas dudas de que este gen participa en la susceptibilidad a convertirse en obeso.

Los estudios realizados ahora[1] revelan que el gen MC4R de los peces de las cavernas que comen con gran apetitito cuando la comida es abundante posee tres cambios, tres mutaciones, las cuales, en este caso, se encuentran en el corazón del gen y no en una región cercana al mismo. Los cambios afectan a la naturaleza de los aminoácidos que conforman la proteína receptora, lo que modifica sus propiedades de sensibilidad frente a la hormona. Curiosamente, uno de esos cambios es idéntico al detectado en seres humanos susceptibles a ser obesos.

Estos estudios, aunque realizados con seres que moran en la oscuridad, arrojan una nueva luz sobre nuestra propia historia evolutiva y nuestra susceptibilidad o no a convertirnos en obesos. Es posible que, como ha sucedido con estos peces, durante nuestra evolución, la adaptación a periodos de escasez de alimentos pasara por el desarrollo de diferentes estrategias (según las mutaciones que se produjeran en distintos individuos), una de las cuales ha sido y es comer mucho cuando la comida está disponible. Desafortunadamente, esta estrategia adaptativa hoy, en un mundo de hiperabundancia calórica, resulta trágica para muchas personas.

19 de julio de 2015

1 Ariel C. Aspiras et al. (2015). Melanocortin 4 receptor mutations contribute to the adaptation of cavefish to nutrient-poor conditions. http://www.pnas.org/content/early/2015/07/08/1510802112

EL MEJOR DE LOS MUNDOS POSIBLES

El planeta ideal debería también orbitar a una distancia ideal alrededor de una estrella ideal

ALLÁ POR 1710, el matemático alemán Gottfried Leibniz propuso que los humanos vivíamos en el mejor de los mundos posibles, idea que fue luego ridiculizada por Voltaire en su divertida obra *Candide*, que animo a leer este verano a quien no la haya leído. Tanto uno como otro carecían de evidencia sólidas para afirmar si vivíamos o no en el mejor de los mundos, ya que solo se conocía uno habitable, la Tierra, el cual, por definición, era al mismo tiempo el mejor y el peor de los mundos conocidos.

La cosa cambió radicalmente hace ahora 20 años, en 1995, cuando se descubrió el primer planeta en órbita alrededor de una estrella diferente del Sol. El planeta descubierto poseía una masa aproximada a la mitad de la de Júpiter, en una órbita de tan solo cuatro días de duración alrededor de la estrella 51 Pegasi, localizada a 50,9 años-luz de la Tierra.

Desde entonces, diferentes observaciones y misiones con telescopios espaciales dedicados a la "caza" de planetas extrasolares han conducido al descubrimiento de cerca de dos mil planetas, de los cuales 484 se encuentran en sistemas planetarios múltiples, como es el caso de los planetas del sistema solar. Estos dos mil planetas extrasolares constituyen ya una considerable cantidad que permite a los astrónomos extraer conclusiones sobre los tipos que existen y sus frecuencias en nuestra galaxia.

Por supuesto, el tipo de planeta que mayor interés suscita es el que pudiera albergar vida, o al menos ser habitable, aunque no haya desarrollado vida por su cuenta. Precisamente, la semana pasada se anunciaba el descubrimiento por el telescopio Kepler del planeta más semejante a la Tierra hasta la fecha (aunque no sabemos si también tiene una luna), que eleva a solo doce los planetas descubiertos con posibilidades de albergar vida. Hace unos días saltaba también la noticia de que el científico Stephen Hawkins iba a poner en marcha un proyecto financiado por el multimillonario ruso Yuri Milner para acelerar el descubrimiento de planetas extrasolares en los que incluso pudiera existir vida inteligente.

Mientras tanto, a los astrónomos planetarios y astrobiólogos solo les queda especular, en base a lo que se conoce gracias a la ciencia, sobre las condiciones que debería poseer un planeta para ser habitable. Estas condiciones se establecen en un rango que clasifica a los planetas habitables en más o menos adecuados para albergar vida. La ciencia, en base a lo ya descubierto, sí puede ahora preguntarse si la Tierra es el mejor de los mundos posibles, al menos si es el mejor de los mundos habitables.

SÚPER TIERRAS

Los astrónomos René Heller y John Armstrong deciden analizar esta cuestión y proponen las condiciones óptimas que debería poseer el planeta ideal, uno aun más adecuado para la vida que la misma Tierra[1]. Veamos las más importantes. En primer lugar, los científicos plantean que el planeta ideal debería ser telúrico, como la Tierra, formado por silicatos y con abundante agua líquida, pero de dos a tres veces más masivo que la Tierra. Eso supondría que su diámetro sería un 20 a un 30% superior y su gravedad también algo mayor.

El mayor diámetro de este planeta conllevaría una mayor superficie en la que se podría desarrollar una diversidad de ecosistemas superior a la de nuestro planeta. La mayor gravedad permitiría también una atmósfera más densa, que generaría una fuerte erosión y una mejor regulación de la temperatura planetaria. En estas condiciones, sería más probable que su superficie estuviera formada por múltiples islas de variados tamaños, sin altas montañas, lo que haría improbable la presencia de desiertos, o también

1 Superhabitable Worlds. René Heller and John Armstrong in Astrobiology, Vol. 14, Nº1, pages 50-66; January 16, 2014.

de zonas muy calientes o muy frías. La práctica totalidad del planeta sería pues perfectamente habitable.

El mayor tamaño de este planeta le proporcionaría también un núcleo metálico más grande y a una temperatura superior al de la Tierra. Esto aumentaría su fluidez, lo que generaría un campo magnético más potente, el cual protegería mejor a los seres vivos de la radiación exterior de rayos cósmicos y viento estelar (partículas elementales y átomos ionizados expulsados por la estrella a gran velocidad).

Y hablando de viento estelar, el planeta ideal debería también orbitar a una distancia ideal alrededor de una estrella ideal. Esta sería, al contrario que el planeta, algo menor que nuestro Sol, de solo 0,6 a 0,9 masas solares y, por ello, de color anaranjado. Su menor masa haría que la estrella consumiera su combustible nuclear más lentamente, alargándole sustancialmente la vida. Si el Sol puede aún vivir varios miles de millones de años, una estrella anaranjada puede hacerlo decenas de miles de millones de años, lo que proporcionaría a la vida sobre el planeta mucho más tiempo para evolucionar y generar diversidad antes de la inevitable muerte de la estrella. Evidentemente, una estrella menos energética que el Sol obligaría al planeta a girar en una órbita más próxima a ella, de manera que su temperatura sea adecuada para permitir la existencia de agua líquida sobre su superficie, sin la cual la vida es imposible.

¿Qué utilidad tienen estos estudios? Si deseamos descubrir planetas que puedan albergar vida, sería adecuado buscar aquellos con las mejores características y conviene haber pensado cuales pueden ser. ¿Podría la Humanidad viajar y habitar uno de esos planetas en el futuro lejano? Aunque esto es muy improbable, de suceder, casi seguro que nos llevaríamos la sorpresa de que no encontraríamos el nuevo planeta tan agradable como esperamos. La razón es que la vida que conocemos, nosotros incluidos, está muy bien adaptada a nuestro planeta Tierra, y nos costaría un tiempo y esfuerzo adaptarnos a otro nuevo, por bueno que fuera. Así es la vida.

26 de julio de 2015

GUERRA, VIDA Y BIOTECNOLOGÍA

Cada especie es un mecanismo biológico para colocar esas cuatro moléculas en un cierto orden

LA VIDA ES un fenómeno difícil de definir. Probablemente por esta razón se han propuesto varias definiciones para ella. Todas tienen aspectos positivos y negativos, pero creo que ninguna es plenamente satisfactoria. Y es que resulta muy difícil reunir todas las características de la vida en una definición breve, como deben serlo las definiciones.

Sin embargo, los descubrimientos sobre los mecanismos moleculares íntimos de la vida nos permiten, si no definirla, sí al menos apreciar sus características más fundamentales. En este sentido, la biología molecular permite que pueda afirmar –lo que voy a decir no lo he visto dicho de forma explícita en ninguna parte, lo que no quiere decir que alguien no lo haya ya dicho antes– que la vida es una "guerra de información".

Veamos. Lo que hacen todos los seres vivos, aquello en lo que se esfuerzan en conseguir por todos los medios, es colocar en un orden determinado largas cadenas de solo cuatro moléculas: Adenina, Timina, Citosina y Guanina, A, T, C, G, las cuatro letras de la vida que forman el ADN y todos los genes. Cada especie viva posee un número determinado de esas cuatro moléculas unidas en un orden concreto, y las almacena miles de millones de veces en el interior de todas sus células. Cada especie es un mecanismo biológico para colocar esas cuatro moléculas en un cierto orden. La captura de una especie por otra, una cebra por un león, por ejemplo, consigue que el orden de las letras de la especie capturada sea convertido en el orden de las letras de la especie que la ha capturado. La infección de una célula por un virus, esto es otro ejemplo, intenta conseguir generar más moléculas de ADN del virus, es decir, ordenar esas cuatro letras (moléculas) de una manera propia del virus, a expensas del orden de esas mismas letras en la célula que ha infectado.

Puesto que el orden preciso de las cuatro letras del ADN contiene la información genética, vemos así que la vida es, en efecto, una guerra de información. Las plantas la generan inicialmente, con su fotosíntesis, pero a partir de ahí otras especies intentan generar su propio orden de las letras, su propia información. Este orden intenta ser mantenido cueste lo que cueste y existen sofisticadísimos mecanismos moleculares para reparar el daño al ADN que se pueda producir, es decir, para preservar y proteger la información. Las especies no quieren mutar sino copiar una y otra vez su información y, por tanto, tampoco quieren evolucionar, pero inmersas en esa guerra, no pueden conseguirlo. Menos mal, o no estaríamos aquí.

DEFENSA POR ROBO DE INFORMACIÓN

Los conocimientos adquiridos sobre los genomas de numerosos organismos permiten afirmar hoy que esa guerra de la información que yo propongo aquí como una característica importante de la vida ha tenido lugar desde el principio de los tiempos. El análisis de los genomas de varias especies de bacterias y de arqueas, los microorganismos autónomos más primitivos, permitió descubrir en 1987 que estos contenían misteriosas secuencias repetidas de letras. En el año 2005 se descubrió que esas secuencias contenían ADN derivado de virus bacteriófagos, es decir, de virus "comedores de bacterias". Las bacterias parecían haber incorporado, en una zona de su genoma, que se llamó CRISPR, fragmentos de ADN procedentes de sus peores enemigos. ¿Cuál era su finalidad?

Investigaciones realizadas en 2007 demostraron que esos fragmentos de ADN de los bacteriófagos eran una arma para luchar contra ellos. Tras una primera infección, si la bacteria sobrevive (tal vez porque el virus que la ha infectado es un mutante ineficaz), incorpora fragmentos de ADN vírico en un lugar preciso de su genoma. La bacteria intercepta así y almacena parte de la información propia del virus. Esos fragmentos son utilizados para detectar luego el ADN vírico del mismo virus si este vuelve a intentar infectar a la bacteria, y destruirlo con potentes enzimas. En este caso, la información del virus es utilizada en su contra como mecanismo de defensa para proteger la información que contiene la bacteria.

Así pues, las bacterias también cuentan con sus propios mecanismos de inmunidad adaptativa, es decir, que se adapta a las características particulares de un organismo dañino para ellas, como nuestro propio sistema inmune, para defendernos, se adapta a las particularidades de los microorganismos que también pretenden atacarnos. Esta adaptación es solo posible consiguiendo de alguna forma información específica de ese microrganismo para utilizarla en su contra. De nuevo, aparece en el sistema inmune el tema de la guerra de información en la que la vida se ha convertido hoy, si acaso no lo fue siempre. Las bacterias han sido capaces de obtener esa información para defenderse de sus peores enemigos posiblemente desde hace más de mil millones de años.

Y bien, desde hace solo unos tres años, se ha conseguido modificar el sistema de defensa bacteriano CRISPR y generar una herramienta biotecnológica muy potente[1]. Gracias a que podemos sintetizar fragmentos de ADN de la secuencia de letras que deseemos, el sistema CRISPR rediseñado por la inteligencia humana puede utilizarse ahora para modificar la información genómica de las células que elijamos. Este cambio de información puede suponer la eliminación de ciertos genes, la activación de otros, la corrección de mutaciones, o la inclusión de nuevos genes, de manera fácil y bastante segura. Una verdadera revolución biotecnológica se está produciendo en los laboratorios de todo el mundo, la cual promete una aceleración importante en la investigación de los procesos biológicos y las enfermedades.

2 de agosto de 2015

---

1 Erik J. Sontheimer1 and Rodolphe Barrangou (2015). The Bacterial Origins of the CRISPR Genome-Editing Revolution. Human Gene Therapy, Vol. 26 (7), pg 413.

ANOREXIA Y AUTOINMUNIDAD

Sería posible que un problema autoinmune pudiera igualmente afectar al sistema de las hormonas del apetito

LOS TRASTORNOS DEL comportamiento alimentario son un grave problema de salud que afecta alrededor del 5% de las mujeres y al 2% de los hombres. Estos trastornos se caracterizan por una relación malsana con la alimentación. Entre ellos se encuentran la bulimia nervosa, una especie de pulsión irreprimible de comer mucho, compensada luego por vómitos; la híperfagia, una pulsión similar a comer mucho, pero sin mecanismos compensatorios, lo que conduce rápidamente a la obesidad; y la anorexia nervosa, la peligrosa propensión a privarse de alimentos que conduce a la malnutrición y a la delgadez extrema.

El problema de la anorexia es de tal magnitud que países como Francia han promulgado leyes prohibiendo que las y los modelos de las firmas de moda sean demasiado delgados. La razón es, en parte, que se cree que la anorexia está causada por factores psicosociales, es decir, presiones del entorno social para conseguir determinados estándares de belleza, las cuales pueden inducirlos en la parte más susceptible de la población, como son principalmente las adolescentes.

No obstante, los científicos dedicados a la investigación de procesos biológicos saben que estos, incluso si son de índole psicosocial, deben a la postre involucrar algún desequilibrio genético, hormonal, molecular, en suma, ya que ni siquiera la mente es capaz de funcionar de manera adecuada sin un correcto equilibrio de numerosas moléculas, entre las que se encuentran las hormonas y los neurotransmisores. Los científicos conocen que los factores sociales, el estrés, o los trastornos mentales tienen que ser mediados por algún mecanismo molecular que entra en desequilibrio, mecanismo que debe ser desentrañado para esclarecer por completo la causa de los trastornos alimenticios. Saben, igualmente, que el esclarecimiento de su causa molecular última podrá ofrecer la posibilidad de tratamientos preventivos y curativos más eficaces que la prohibición de que los modelos sean delgados en exceso.

Es bien conocido, además, que el control del apetito involucra numerosos mecanismos hormonales, que afectan al comportamiento alimenticio, es decir, a que decidamos comenzar a comer, seguir comiendo, o detenernos. El hambre y la sensación de saciedad están controladas por una serie de hormonas y mecanismos que afectan a las células nerviosas que controlan si comemos o no. Por esta razón, es muy probable que tanto la bulimia como la anorexia puedan ser causadas por algún desequilibrio hormonal, susceptible, además, de ser causado o agravado por alguna otra susceptibilidad de origen genético.

BACTERIAS CULPABLES

Considerando estas ideas, investigadores de la universidad de Rouen (Francia) exploran una hipótesis científica relativamente nueva que postula que los trastornos del comportamiento alimenticio pudieran estar causados por problemas del sistema inmune, en particular por el desarrollo de autoinmunidad[1]. La autoinmunidad consiste en que el sistema inmune erróneamente ataca a nuestro propio organismo. Existen importantes enfermedades autoinmunes, algunas de las cuales afectan al funcionamiento del sistema hormonal de la glándula tiroides. Por consiguiente, sería posible que un problema autoinmune pudiera igualmente afectar al sistema de las hormonas del apetito.

Muy bien, pero para que se desencadene un problema autoinmune es necesario algún factor iniciador. Entre estos factores pueden encontrarse determinadas susceptibilidades genéticas, pero también infecciones. Por ejemplo, la infección por una bacteria que posea una proteína similar a alguna de las nuestras puede inducir que se generen anticuerpos contra la

1 N Tennoune, et al (2014). Bacterial ClpB heat-shock protein, an antigen-mimetic of the anorexigenic peptide α-MSH, at the origin of eating disorders. Transl Psychiatry (2014) 4, e458; doi:10.1038/tp.2014.98

proteína de la bacteria que también atacarán a la nuestra, causando autoinmunidad. Afortunadamente, esto no sucede siempre, y algunas personas infectadas (muy pocas) desarrollan autoinmunidad, pero la mayoría, no. Se cree que ciertos factores genéticos explicarían estas discrepancias.

Los investigadores encuentran que la autoinmunidad está implicada en la anorexia y en la bulimia, pero no por una infección, sino por nuestras propias bacterias de la flora intestinal, en particular por la conocida bacteria E. coli. Los científicos descubren que esta bacteria de la flora produce una proteína llamada ClpB que posee una región de aminoácidos muy similar a la de la hormona llamada alfa-MSH, la cual provoca una sensación de saciedad y hace que paremos de comer al actuar sobre el hipotálamo cerebral.

Los investigadores explican que la similitud entre ClpB y alfa-MSH causa que en ocasiones (estrés, daños intestinales, etc.) la proteína ClpB pase del intestino a la sangre y se generen anticuerpos contra ella. Estos anticuerpos pueden también unirse a la hormona alfa-MSH y afectar la forma en que esta actúa para controlar el apetito, lo que, según los investigadores, podría afectar tanto al desarrollo de la anorexia como al de la bulimia.

Los científicos confirman estos datos de varias maneras. Una es el hallazgo de anticuerpos contra la hormona alfa-MSH en la sangre de afectados de anorexia o bulimia. Otra es que la inyección de la proteína ClpB en ratones induce la generación de anticuerpos contra ella y una modificación importante de su comportamiento alimenticio, y eso a pesar de que los ratones no son aficionados a la moda.

Estos hallazgos redirigen ahora la atención hacia el control de la inmunidad y del funcionamiento hormonal para prevenir y tratar la anorexia y la bulimia y, tal vez, incluso otros problemas de comportamiento alimenticio. Esperemos que, junto a una mayor conciencia social de estos problemas, estos sean finalmente solucionados.

9 de agosto de 2015

EMOCIONES DESMITIFICADAS

Las emociones humanas involucran a la totalidad de nuestro cerebro

NO CREO EQUIVOCARME al afirmar que aquellos que conocen algo de la anatomía del cerebro humano saben de la existencia de un cerebro "reptiliano" primitivo, en el que residirían sobre todo los instintos más básicos, un cerebro límbico, en el que residirían las emociones primordiales, como el miedo o la ira, y un cerebro más evolucionado que se ocuparía de asuntos más racionales, tales como las matemáticas de las cuentas bancarias en Suiza, el cual se situará a nivel del córtex cerebral externo. Las emociones serían pues algo primitivo, enraizado en las partes del cerebro menos evolucionadas, mientras que la lógica y la razón dependerían del funcionamiento del cerebro más moderno.

Sin embargo, aunque aparentemente primitivas, las emociones nos han permitido sobrevivir y escapar a los peligros o hacer frente a las adversidades. El mundo de hoy, en mi humilde opinión, se sigue moviendo mucho más impulsado por las emociones que por la razón. Sin ir más lejos, las emociones, no la razón, mantienen vivas las relaciones sociales. Las emociones no tienen nada de simple, y no es raro que podamos experimentar dos o más al mismo tiempo, como tristeza y disgusto, por ejemplo. Todas las obras de la cultura universal giran alrededor de las emociones que suscitan, y no existe obra literaria o artística de calidad que no induzca un estado emocional intenso en el lector o el espectador. La ciencia, claro, es mucho menos atractiva que el arte, a menos que también sea capaz de emocionarnos, aunque solo sea un poquito.

No obstante, hablando de ciencia, pocas cosas son más apasionantes y satisfactorias para un amante de la razón y la verdad que la deconstrucción de mitos, incluso cuando estos han sido construidos por la misma ciencia. Un análisis reciente, mediante nuevos métodos, de los estudios de imagen cerebral realizados hasta ahora para identificar qué regiones del cerebro están involucradas en las emociones, indica que la visión de un cerebro emocional primitivo mencionada arriba es muy simplista y alejada de la realidad. Veamos por qué.

En primer lugar, es importante tener en cuenta que si creemos saber lo que son las emociones que sentimos, esto no es tan fácil para la ciencia. Para estudiar algo, la ciencia necesita primero definirlo de manera objetiva, y las emociones no son una excepción. Hace más de 40 años, el psicólogo Paul Ekman llevó a cabo trabajos con personas de diferentes etnias y culturas, mostrándoles fotografías de expresiones faciales indicativas de diferentes emociones, con el objeto de comprobar si cualquier ser humano era capaz de detectarlas en las expresiones de los demás. Esto fue lo que Ekman descubrió, lo cual le permitió definir cinco emociones básicas (miedo, ira, tristeza, disgusto y alegría), a las cuales algunos añaden una sexta emoción: la sorpresa.

148 ESTUDIOS

Con el advenimiento de las técnicas de neuroimagen, comenzaron a realizarse estudios para averiguar qué regiones del cerebro estaban involucradas en la percepción de las diferentes emociones. Se descubrió así que regiones concretas del cerebro parecían activarse cuando se experimentaban estas. Por ejemplo, las regiones cerebrales denominadas amígdalas, localizadas a izquierda y derecha hacia la parte interna inferior de los hemisferios cerebrales, se activaban cuando se experimentaba miedo. La ínsula, otra región localizada en la parte central del cerebro, estaba involucrada en la sensación de disgusto.

Estos datos parecían confirmar, en efecto, que las regiones cerebrales involucradas en la experiencia emocional se encontraban en el cerebro más primitivo, y no implicaban al neocórtex, la zona cerebral más evolucionada y encargada de tareas tan elevadas como la comprensión del lenguaje o el razonamiento abstracto. Sin embargo, los estudios de imagen cerebral se topan con varios problemas. Uno de ellos es el número relativamente pequeño de sujetos de estudio; otro, la variabilidad de los cerebros de esos sujetos, cada cual de su padre y de su madre, nunca mejor dicho. En estas condiciones se pueden detectar con seguridad solo las regiones más intensamente involucradas en la percepción de las emociones, pero no todas las regiones cerebrales implicadas.

Para tratar de confirmar o refutar la existencia de ese cerebro límbico emocional, distanciado del racional, varios equipos de investigadores deciden analizar de nuevo los 148 estudios de imagen cerebral realizados desde 1993 hasta 2011, los cuales generaron un total de 377 mapas cerebrales a partir de 2.159 participantes[1]. Los investigadores utilizan ahora un nuevo método estadístico que ellos mismos desarrollan, capaz de generar un modelo predictivo que permite identificar, de acuerdo al patrón de actividad cerebral, cuál de las cinco emociones es suscitada con una precisión del 66%. En otras palabras, analizando las imágenes, el modelo es capaz de predecir con un 66% de fiabilidad qué emoción está experimentando el dueño de un cerebro concreto.

El modelo es capaz de realizar estas predicciones porque el análisis que lo produce identifica patrones de actividad distintos, en regiones cerebrales concretas, asociados a las distintas emociones. Estas regiones incluyen, entre otras, las amígdalas y el tálamo, otra región sumida en las profundidades del cerebro. Sin embargo, este estudio revela ahora que las emociones no se limitan a unas áreas concretas del cerebro primitivo, sino que cada una de ellas implica en mayor o menor grado otras áreas del cerebro, muchas de ellas localizadas también en el neocórtex, las cuales, además, están asociadas a otras tareas cognitivas, perceptivas, o motoras.

Así pues, la idea de ese cerebro "reptiliano" y límbico dedicado a la percepción de las emociones es falsa. Las emociones humanas involucran a la totalidad de nuestro cerebro, algo a tener en cuenta antes de desdeñar a alguien calificándolo de demasiado emocional.

16 de agosto de 2015

---

1 Tor D. Wager et al. (2015) A Bayesian Model of Category-Specific Emotional Brain Responses. PLoS Comput Biol 11(4): e1004066. doi:10.1371/journal.pcbi.1004066.

MAGNETISMO CONTRA EL CÁNCER

Se estima que más de 25.000 máquinas de resonancia magnética se encuentran operativas en el mundo

RECUERDO QUE CUANDO era niño se puso de moda un juego en el que se introducía una bolita de hierro en una cápsula, como esas que parecen de plástico de algunos medicamentos, las cuales podían así hacerse mover solas, de manera casi mágica, con un imán por debajo de la mesa. Las cápsulas cobraban vida propia gracias a la acción de un campo magnético. Era divertido, como normalmente lo es cuanto se deriva de la aplicación de la ciencia. ¿No me cree? Piense en el cine, los videojuegos, o su móvil, por ejemplo.

La moda, como tantas otras, pasó, probablemente no sin antes conseguir que algunos se tragarán las bolitas de hierro dentro de las cápsulas que algún angelito había fabricado con las medicinas de padres o abuelos. Afortunadamente, años después se inició otra "moda con imanes" que aún perdura. Me refiero a la adquisición de imágenes del cuerpo humano por resonancia magnética, más conocida por sus siglas en inglés, MRI (*magnetic resonance imaging*).

La tecnología de la resonancia magnética utiliza fuertes campos magnéticos y ondas de radio para conseguir imágenes del interior del cuerpo humano, o también de los cuerpos de animales de investigación, mientras continúan vivos y coleando. A diferencia de otras técnicas de adquisición de imágenes, la resonancia magnética no utiliza radiación ionizante, lo que es el caso, por ejemplo, de la tomografía asistida por ordenador, la cual utiliza rayos X como método de adquisición de datos para la generación de imágenes. Como sabemos, las radiaciones ionizantes, tales como los rayos X y los rayos ultravioleta del sol, al ser capaces de arrancar electrones de los átomos y moléculas, generan los llamados radicales libres, fragmentos moleculares sedientos de electrones que pueden reaccionar químicamente con el ADN y causar mutaciones que podrían conducir al cáncer. Por su mayor seguridad sanitaria, la resonancia magnética es un importante método diagnóstico que se emplea en los hospitales más importantes del planeta. Se estima que más de 25.000 máquinas de resonancia magnética se encuentran operativas en el mundo.

Resultaría, sin duda, interesante poder utilizar las máquinas de resonancia magnética no solo como herramientas diagnósticas, sino también terapéuticas. Por ejemplo, tal vez sería posible utilizar los campos magnéticos para llevar a los órganos enfermos o a los tumores mayores dosis de medicamentos sin que estos se distribuyan por todo el cuerpo, aumentando así la eficacia terapéutica y disminuyendo los efectos secundarios. Hace años que este tipo de aplicaciones médicas se intentan llevar a cabo utilizando nanopartículas paramagnéticas porosas, en las que, como si de diminutas cápsulas se tratara, se pueden cargar los medicamentos y dirigirlos mediante los campos magnéticos a órganos determinados.

Células dirigidas

Sin embargo, la Biología y la Medicina han descubierto que no solo los fármacos curan, sino que, en muchos casos, las principales herramientas de curación residen en nuestro propio cuerpo. Se trata de las células del sistema inmune, como los neutrófilos y los macrófagos. Estas células se encuentran patrullando por la sangre o por los tejidos y necesitan alcanzar los sitios de infección para luchar eficazmente contra ella. En efecto, en casos de infección, se ponen en marcha sofisticados mecanismos moleculares que son capaces de dirigir a estas y otras células a los sitios donde bacterias y virus se encuentran reproduciéndose.

Otro importante grupo de enfermedades en el que resulta cada vez más clara la importancia de las células inmunes para controlarlas es el cáncer. Los tumores se ven, en general, infiltrados por células inmunes, en particular por macrófagos y por linfocitos T, que intentan acabar con el tumor. En ocasiones lo consiguen, aunque no en otras, ya que el tumor desarrolla también mecanismos moleculares de defensa para inhibir la actividad de las células inmunes que pretenden acabar con él, o para impedir que lo alcancen. Sería, por tanto, interesante poder ayudar a estas células a llegar en mayores números al tumor y, por qué no, utilizarlas además como vehículos de otras herramientas terapéuticas antitumorales, como algunos virus llamados oncolíticos, que resultan eficaces para matar a células tumorales, pero no son dañinos para las normales.

Investigadores de la universidad de Sheffield, en el Reino Unido, deciden investigar si sería posible dirigir hacia los tumores a macrófagos cargados con este tipo de virus mediante campos magnéticos generados por una máquina de MRI[1]. Para conseguirlo, aprovechan la gran capacidad de fagocitar de los macrófagos para cargarlos en su interior tanto con los virus oncolíticos como con nanopartículas de óxido de hierro súper paramagnético, que servirán para comunicar la fuerza magnética a los macrófagos y dirigirlos por el organismo.

Utilizando pulsos controlados de los campos magnéticos generados por una máquina de MRI, los investigadores son capaces de dirigir a los macrófagos cargados con los virus y las nanopartículas a los tumores. En los animales de laboratorio empleados esto originó una disminución de la masa tumoral y también una reducción de las temibles metástasis ocho veces superior a la conseguida solo con los virus.

Serán necesarios numerosos estudios y ensayos clínicos antes de poder llevar esta nueva y prometedora técnica a cada hospital que cuente con una máquina MRI. De poderse finalmente aplicar en pacientes, los campos electromagnéticos controlados por la ingeniosidad humana no solo serán útiles herramientas diagnósticas tumorales, sino también potentes instrumentos terapéuticos antitumorales. No sé por qué, pero esta idea resulta realmente magnética para mí.

23 de agosto de 2015

---

1 Munitta Muthana, et al. (2015). Directing cell therapy to anatomic target sites in vivo with magnetic resonance targeting. Nature Communications 6, Article number: 8009: doi:10.1038/ncomms9009. http://www.nature.com/ncomms/2015/150818/ncomms9009/full/ncomms9009.html

TOCINO, PESCADO, FLORA Y SALUD

Las grasas saturadas producían inflamación del tejido adiposo

HA SIDO LA ciencia la que gracias al esfuerzo de, muchas veces, anónimos paladines del saber, ha ido descubriendo que no todo lo que comemos ejerce similares efectos sobre nuestro bienestar y salud general. Sin duda, hoy casi todo el mundo desarrollado conoce que comer grasas saturadas en exceso resulta perjudicial. Este tipo de grasas, presente sobre todo en productos derivados de animales de granja, como la carne, o la leche, aumenta el riesgo de obesidad, incrementa los niveles de colesterol en sangre y amplía la probabilidad de desarrollar tanto cáncer como enfermedades cardiovasculares y diabetes.

Es probablemente también muy conocido que las grasas poliinsaturadas, presentes sobre todo en alimentos animales de origen marino o vegetal, ejercen efectos beneficiosos para la salud, en general justamente los contrarios a los producidos por las grasas saturadas. Numerosos estudios realizados tanto con animales de laboratorio como con seres humanos han confirmado, por tanto, el hecho de que la estructura química de las grasas, es decir, que posean más o menos átomos de hidrógeno (saturación) en las cadenas de átomos de carbono que las forman, puede ser cuestión de vida o muerte.

Sin embargo, nada se conoce verdaderamente hasta que no se comprende no solo por qué, sino también cómo funcionan y se producen las cosas. Los biólogos moleculares y médicos no solo han dedicado mucho esfuerzo a establecer qué sucede con ambos tipos de grasas, sino también a intentar comprender por qué sucede.

Inicialmente, se obtuvieron datos que indicaban que la diferencia entre los efectos para la salud de las grasas saturadas e insaturadas se debía al distinto metabolismo que sufrían. Este diferente metabolismo involucraba a diferentes proteínas de transporte en la sangre en cada caso y producía distintos compuestos intermedios celulares, distintos metabolitos, como se les conoce en el lenguaje científico, antes de su completa oxidación para obtener energía. Estos metabolitos parecían ser los responsables de los muy diferentes efectos de las grasas saturadas e insaturadas sobre la salud.

Sin embargo, pronto fue evidente que esto no lo explicaba todo. Otros estudios demostraron que las grasas saturadas producían inflamación del tejido adiposo, el encargado de almacenar el exceso de grasa, mientras que las insaturadas protegían del desarrollo de la inflamación en dicho tejido. La inflamación no es que el tejido adiposo "engorde", sino un proceso inmunológico, en el que tanto líquidos como células del sistema inmune acuden, en este caso, al tejido adiposo y lo inflaman, lo hinchan. Esta inflamación, pues, no es debida a una mayor acumulación de grasas, sino a una activación del sistema inmunitario por razones desconocidas.

Mirando la flora

Hace unos dos años, un estudio demostró que la composición de la dieta ejercía una importante influencia sobre las especies bacterianas de la flora intestinal. Puesto que la inflamación es un proceso que ha evolucionado para luchar contra el ataque de microorganismos, como las bacterias, este dato sugirió a investigadores de la universidad de Gotemburgo, en Suecia, la posibilidad de que tal vez la composición en grasa de la dieta hiciera variar las poblaciones bacterianas de la flora intestinal. Esta modificación de las poblaciones de bacterias podría tal vez causar la activación del sistema inmune de una manera diferente según el tipo de grasa, lo que podría conducir a la inflamación del tejido adiposo.

Los investigadores se pusieron "ratones a la obra" y alimentaron a estos simpáticos animalillos de laboratorio durante 11 semanas bien con una dieta rica en tocino, bien con una dieta rica en aceite de pescado. Ni que decir tiene que normalmente los ratones, ni siquiera los de laboratorio, comen tocino o pescado. No obstante, las diferentes dietas causaron un cambio importante en las poblaciones de bacterias de su flora intestinal. Los ratones alimentados con grasa de tocino, además de engordar más que los otros, incluso si ambos tipos de dieta administrada contaban con la misma cantidad de calorías y fibra (principal alimento de las bacterias de la flora), vieron aumentada la población de los géneros de bacterias *Bacteroides*, *Turicibacter*, y *Bilophila*, que se asocian con una mayor inducción de inflamación. Por el contrario, la alimentación con grasa de pescado incrementó las poblaciones de otros géneros bacterianos completamente diferentes, no asociados con la inflamación.

Eran resultados interesantes, pero aún no probaban nada. Cierto, las grasas de la dieta parecían afectar a la flora intestinal, sin embargo esto no significaba que estos cambios fueran los causantes del diferente estado metabólico (obesidad) e inflamatorio de los ratones. Asociación no significa que exista una relación causa-efecto. Para probarla, los investigadores utilizaron ratones criados en condiciones de total esterilidad, carentes de flora intestinal. A estos ratones les "trasplantaron" las floras intestinales de los ratones alimentados bien con la dieta rica en tocino, bien con la rica en grasa de pescado.

Es aquí cuando obtienen el resultado más interesante. Resulta que las bacterias de los ratones alimentados con grasa de pescado fueron capaces de proteger a los ratones trasplantados con ellas de los efectos de una dieta rica en tocino. Parecía pues probado que los efectos beneficiosos o perjudiciales de los distintos tipos de grasas de la dieta son mediados, al menos en parte, por la flora intestinal y no por cambios metabólicos independientes de ella.

Estos sorprendentes estudios[1] sugieren que un suplemento dietario en bacterias "saludables" podría resultar muy beneficioso para contrarrestar los efectos de una alimentación demasiado poco mediterránea. Habrá que realizar más estudios para confirmarlo, pero, por el momento, parecen buenas noticias.

30 de agosto de 2015

1 Referencia: Caesar et al., Crosstalk between Gut Microbiota and Dietary Lipids Aggravates WAT Inflammation through TLR Signaling, Cell Metabolism (2015), http://dx.doi.org/10.1016/j.cmet.2015.07.026

ASPIRINA ANTITUMORAL

La aspirina podría ayudar a impedir que los tumores fueran tolerados por el sistema inmune

DESDE EL DESCUBRIMIENTO de los primeros oncogenes, o genes que, cuando mutan, pueden conducir al desarrollo de tumores, quedó meridianamente claro que el cáncer es una enfermedad genética, ya que sin estas mutaciones jamás se produce. Sin embargo, más recientemente, también ha quedado meridianamente claro que las mutaciones en genes que conducen al cáncer son condición necesaria para que este se desarrolle, pero no son condición suficiente. En otras palabras, hacen falta otros factores que se alíen con las mutaciones para finalmente conducir al desarrollo de un tumor. Menos mal, porque si no el cáncer sería mucho más frecuente aún de lo que es.

En los últimos años, se ha confirmado que entre los factores necesarios para permitir el desarrollo tumoral se encuentra la evasión del sistema inmune. Los tumores no son capaces de crecer si no desarrollan mecanismos para esquivar la actividad de este sistema. Por desgracia, esto no resulta demasiado difícil para ellos.

La razón reside en la plétora de mecanismos con los que el sistema inmune cuenta para tener cuidado de no hacer demasiado daño al organismo. El sistema inmune es una poderosísima arma contra los ataques de parásitos y de microrganismos. Es tan poderosa, de hecho, que si dejáramos liberar sin control todo su potencial podría destruirnos también a nosotros mismos o, al menos, producir serios daños en órganos y tejidos de nuestro cuerpo. Por esta razón, una vez activada la inmunidad, es necesario poner en marcha mecanismos de "frenado" para impedir que sea demasiado agresiva y para volverla a dejar en estado basal una vez controlada la infección.

Un hecho que resulta sorprendente es que las células tumorales adquieren propiedades de las fetales. Como estas, se dividen con rapidez, aunque a diferencia de ellas lo hagan de manera desordenada. Por otra parte, los fetos de los mamíferos utilizan mecanismos de control para impedir que el sistema inmune de la madre los identifique como extraños y los rechace.

En este sentido, células tumorales y fetales también se asemejan. Las células tumorales, para evitar ser identificadas como peligrosas y eliminadas por el sistema inmune, son capaces de activar mecanismos de "inmunofrenado". Como digo, estos son muy diversos e incluyen la producción de sustancias por parte del tumor que inhiben la acción de las células inmunes, o incluso la producción de sustancias que estimulan la actividad de células inmunes de control, las cuales frenan a las células inmunes "asesinas", capaces de matar a otras células, entre las que se encuentran células infectadas por virus y también células tumorales.

Estos recientes conocimientos sobre los mecanismos puestos en marcha por las células tumorales para evadir al sistema inmune están siendo utilizados para desarrollar inmunoterapias anticancerosas que persiguen bloquearlos. Esta estrategia antitumoral está resultando muy prometedora, y algunos investigadores opinan que es por este camino por el que se encontrarán nuevas y muy eficaces terapias para curar el cáncer.

INFLAMACIÓN Y CÁNCER

Sin embargo, estamos lejos de conocerlo todo acerca de los mecanismos que las células tumorales emplean para "domar" las embestidas del sistema inmune. Afortunadamente las investigaciones en este campo se están acelerando y grupos muy importantes de investigadores dedican cada vez más esfuerzo a intentar desvelar todos los secretos que las células tumorales aún guardan a este respecto.

Una de estas recientes investigaciones revela ahora que algunas células tumorales, en particular las de melanoma, las de cáncer de mama y las de cáncer de colon, son capaces de generar prostaglandina PGE_2 en grandes cantidades, o de inducir su producción en las células normales que rodean al tumor. Al parecer, la fabricación de esta prostaglandina resulta esencial para inducir la evasión del sistema inmune por estos tumores.

La prostaglandina PGE_2 es una vieja conocida de todos nosotros, aunque tal vez no lo sepamos. Resulta que es el blanco de acción de probablemente el medicamento más consumido a lo largo de la historia: la aspirina. En el caso de una infección, la PGE_2 producida parece estimular determinados mecanismos de la inflamación orquestados por el sistema inmune para detener la infección y, al mismo tiempo, participa en la sensación de dolor.

La aspirina actúa como un inhibidor de la producción de PGE2, por lo que es capaz de reducir la inflamación y el dolor asociados con los procesos infecciosos. Sorprendentemente, en el caso del los tumores, por mecanismos aún no completamente claros, la PGE_2 ayuda a conseguir un estado de tolerancia por parte del sistema inmune. La aspirina, por consiguiente, podría ayudar a impedir que los tumores fueran tolerados por el sistema inmune, al bloquear la producción de PGE_2.

En efecto, en experimentos realizados con ratones de laboratorio en los que se induce el crecimiento de melanoma y otros tumores, la administración de aspirina a los animales, combinada con la utilización de otra estrategia que impide la inhibición de la actividad inmune contra las células tumorales, ha conseguido que los tumores sean erradicados.

No obstante lo espectacular e interesante de estos resultados, publicados en la prestigiosa revista *Cell*[1], es muy frecuente curar tumores en animales de laboratorio, pero no es tan frecuente que la misma estrategia utilizada con ellos funcione igual de bien en pacientes humanos. A pesar de todo, el empleo de aspirina como nuevo agente antitumoral, en combinación con otras terapias encaminadas a estimular el sistema inmune o a impedir que los tumores lo inhiban, podrían ser muy útiles en el futuro para controlar al temible cáncer.

6 de septiembre de 2015

1 Zelenay et al., Cyclooxygenase-Dependent Tumor Growth through Evasion of Immunity, Cell (2015), http://dx.doi.org/10.1016/j.cell.2015.08.015

POR QUÉ NO TENEMOS CARA DE MONO

Los investigadores afirman haber iniciado una nueva disciplina científica que denominan "antropología celular"

AUNQUE EN OCASIONES podemos cruzarnos en la calle con algún espécimen que parece haber sido criado en un zoo, los rasgos faciales de los seres humanos son muy diferentes de los que poseen los chimpancés. Este hecho parece lo más normal del mundo, pero no lo es tanto cuando nos damos cuenta de que el chimpancé es la especie genéticamente más cercana a la nuestra.

Esto tiene su importancia. Las relaciones genéticas son fundamentales para determinar la forma corporal y facial de los organismos. Así, gatos, linces, leopardos, e incluso tigres o leones, aunque especies diferentes, poseen rostros muy parecidos en su forma general. Lo mismo sucede con caballos, burros y cebras, por poner otro ejemplo, e igualmente sucede entre numerosas especies de primates. Sin ir más lejos, no me negará que chimpancés y gorilas guardan un cierto aire de familia. No obstante, a pesar de que los chimpancés están genéticamente más relacionados con nosotros que con los gorilas, por extraño que pueda parecer, no es a nosotros a quien más se parecen los parientes de Chita. ¿Por qué somos los humanos tan diferentes a otros primates en lo que al rostro se refiere?

Como ya he dicho en otras ocasiones, la ciencia no hace asco a preguntarse nada y a intentar responder a sus preguntas, por peregrinas que aparentemente puedan parecer. En este caso, la pregunta parece carecer de importancia, pero responderla puede conducirnos a averiguar cómo genes necesariamente similares entre humanos y chimpancés producen resultados morfológicos muy diferentes (compare, si no, la cara de mi tocayo George Clooney con la del gorila más guapo, por si prefiere no compararla con la de su pareja). Averiguar esto puede, a su vez, ayudarnos a comprender cómo cambios en algunos genes pueden causar enfermedades o problemas del desarrollo fetal, y a intentar evitarlos.

Además, los genes que participan en dar forma a nuestros rostros han sido muy importantes en nuestra evolución. Los cambios en mandíbulas y cráneo que afectan a la forma de nuestra cabeza han resultado fundamentales para conseguir albergar un cerebro mayor, capaz de las proezas intelectuales de nuestra especie.

Desentrañar qué genes generan las formas de los rostros de humanos y chimpancés no es fácil. Consideremos que los rostros se producen a partir de miles de millones de células de huesos, cartílagos, piel, músculos..., que pueden organizarse de infinitas maneras, pero que lo hacen de solo una precisa. Esta organización depende de qué genes están implicados en generar las interacciones y los contactos entre las células para que estas vayan reproduciéndose y colocándose durante el desarrollo fetal en los lugares que les corresponden: nariz, frente, pómulos, etc.

MADRES DEL ROSTRO

Investigaciones anteriores han revelado que las células del rostro derivan de células madre, que a lo largo del desarrollo fetal van adquiriendo su destino final convirtiéndose en células adultas. Estas células madre cráneo-faciales se generan cinco o seis semanas tras la fecundación, a partir de células madre embrionarias aún más primitivas, en la estructura del embrión llamada cresta neural, y desde allí migran al rostro y cráneo.

Por supuesto, extraer estas células de embriones humanos y de chimpancés para estudiarlas, matándolos o dañándolos en el proceso, está fuera de cuestión, por evidentes razones éticas. Para soslayar esta dificultad, los investigadores utilizan una interesante estrategia. Aprovechando que las células adultas (que se pueden conseguir fácilmente de la piel o la sangre de animales o personas) pueden convertirse en células madre embrionarias inducidas (llamadas iPSC) con tan solo estimular la actividad de cuatro genes, los investigadores generan iPSC y las colocan en un medio nutritivo que las estimula a convertirse en células madre cráneo-faciales.

Una vez convertidas en células madre cráneo-faciales humanas o de chimpancé, los investigadores comparan ahora, no los genes, que ya sabemos son muy similares en ambas especies, sino los cambios en el genoma que afectan a la intensidad con que algunos genes funcionan. Investigaciones anteriores ya habían demostrado también que los cambios en la intensidad de funcionamiento génico afectan a la forma cráneo facial de varias especies. Los investigadores descubren así más de mil regiones en el genoma que han sido modificadas químicamente de manera diferente en humanos y chimpancés[1]. Estas modificaciones químicas epigenéticas afectan a la intensidad de funcionamiento de los genes adyacentes a las mismas. Curiosamente, algunos de los genes cercanos a estas regiones ya eran conocidos por afectar al desarrollo cráneo-facial, aunque otros eran desconocidos hasta ahora.

En particular, los investigadores descubren que dos genes, llamados PAX3 y PAX7, de los que era sabido que afectan a la longitud del hocico de ratones de laboratorio, funcionan en niveles más elevados en chimpancés que en humanos. Por el contrario, el gen BMP4, que participa en modular la forma del pico de algunas especies de pinzones o la forma de la boca de algunos peces, funciona en un mayor nivel en humanos que en chimpancés.

Por supuesto, el sistema utilizado por los investigadores es artificial y se hace necesario confirmar los hallazgos de genes desconocidos por otros medios. Sin embargo, este estudio ha revelado decenas de nuevos genes candidatos, cuyo funcionamiento en diferentes niveles de actividad podría afectar al desarrollo del cráneo y del rostro. Con estos estudios, los investigadores afirman haber iniciado una nueva disciplina científica que denominan "antropología celular", la cual esperemos proporcione abundantes conocimientos sobre la genética de la evolución humana.

13 de septiembre de 2015

1 Prescott et al., Enhancer Divergence and cis-Regulatory Evolution in the Human and Chimp Neural Crest, Cell (2015), http://dx.doi.org/10.1016/j.cell.2015.08.036

EL ABUELO QUE SALTÓ POR LA VENTANA TAL VEZ NO ERA TAN VIEJO

El problema, en realidad, no es el envejecimiento, sino el envejecimiento en malas condiciones de salud

EL CRECIENTE ENVEJECIMIENTO de la población amenaza nuestro futuro, sea cual sea nuestra edad. Se estima que para el año 2050 el número de personas mayores de 80 años se habrá triplicado y será superior a los 400 millones. Esta predicción ha llevado a responsables económicos de la talla intelectual y moral de Christine Lagarde, directora del Fondo Monetario Internacional (FMI), a recomendar que se bajen las pensiones en todo el mundo porque "la gente podría vivir más de lo esperado". Cuando hablaba de altura no quería sugerir que fuese mucha. Vamos, que morirse más tarde de cuando toca les sale muy caro a los demás y el FMI parece estar muy preocupado por los demás; no tanto por usted.

Sin embargo, el problema, en realidad, no es el envejecimiento, sino el envejecimiento en malas condiciones de salud. Una persona de 80 años de edad en buen estado de salud es más barata de mantener viva que una persona de 60 años que ya ha desarrollado una enfermedad crónica, como la diabetes, por ejemplo, la cual necesita intervención terapéutica continuada. Si la vida tiene finalmente un precio (¿lo duda alguien aún?), este es netamente menor si estamos sanos.

Para mantenernos sanos el mayor tiempo posible, además de incrementar la educación para la salud de la población y estimular modos de vida saludables, sería también conveniente poder identificar aquellos individuos que pudieran tener mayores probabilidades de desarrollar enfermedades crónicas en el futuro, y hacerlo antes de que estas se desarrollen, de manera que se puedan tomar medidas concretas con estas personas para evitar o retrasar su aparición. Esto no es fácil de conseguir, y si el FMI piensa que es más caro conseguirlo que dejar que la gente enferme de modo natural, como ha hecho toda la vida, estamos perdidos. Además, no se trata de identificar a personas con riesgo de desarrollar una enfermedad concreta (diabetes, enfermedad cardiaca, pulmonar, etc.), sino de identificar a personas con riesgo de desarrollar enfermedades crónicas, en general, e intentar tomar medidas para retrasar su aparición o evitarla. Parece una tarea imposible.

Afortunadamente, un grupo de investigadores de la universidad de Duke, EE.UU., han explorado una nueva estrategia para estudiar la tasa de envejecimiento en personas jóvenes e identificar aquellos que, a pesar de tener la misma edad cronológica, han envejecido más deprisa de lo normal, incluso si están perfectamente sanos. La hipótesis de estos investigadores era que, contrariamente a lo que se piensa, no todas las personas envejecen a la misma velocidad, a pesar de que el tiempo transcurra igual para todos. Algunas personas envejecerían más rápido y esas serían las que mayor riesgo tendrían de desarrollar enfermedades propias de la vejez antes de lo normal. De ser esto cierto, y de poder identificar a estas personas, sería posible comenzar intervenciones con ellas para retrasar la aparición de enfermedades.

EDAD BIOLÓGICA

Estas ideas no carecían de apoyo racional. Estudios anteriores realizados con miles de participantes habían demostrado que la medida de diez variables fisiológicas relacionadas con la vejez, y el empleo de una fórmula matemática desarrollada con ellas, permitía atribuir una edad biológica a cada persona, la cual predecía la mortalidad con más precisión que la edad cronológica. Esto indicaba que la edad biológica, determinada mediante esos factores, era más próxima a la realidad que la edad cronológica.

Los investigadores deciden determinar de este modo la edad biológica a personas nacidas en los años 1972-1973 y que participan en el llamado Estudio Dunedin, realizado en Nueva Zelanda. Este estudio sigue a los participantes desde su nacimiento hasta hoy para determinar la evolución de su salud a lo largo de sus vidas.

Los investigadores estudian a 1.037 personas participantes del Estudio Dunedin de una edad de 38 años, perfectamente sanos, y examinan sus fisiologías para comprobar si esta población joven muestra o no alguna variación en la extensión del envejecimiento. Los resultados de este examen, en efecto, indicaron que los individuos contaban con edades biológicas diferentes a la cronológica[1].

Una vez determinada la edad biológica, los investigadores estudian si aquellos que muestran fisiologías más envejecidas revelan igualmente signos de deterioro superior a los de su edad en sistemas como el cardiovascular, el sistema inmune, el metabolismo, pulmones, riñones, encías, etc., y también en su ADN. Para determinar este posible deterioro, los investigadores comparan los datos obtenidos en la actualidad con los obtenidos cuando los participantes tenían 12 y 26 años de edad. Finalmente, también investigaron si las personas que manifestaban un mayor envejecimiento, en teoría, también mostraban un mayor deterioro en sus capacidades físicas y cognitivas.

Los resultados de estos estudios confirmaron que algunas personas envejecen más rápido que otras. De hecho, algunos de los participantes tenían una edad biológica de más de 60 años, y estos indicaron sufrir de peor salud general y revelaron signos de deterioro físico y cognitivo. Además, eran los que aparentaban una mayor edad a ojos de los demás, a pesar de tener la misma edad cronológica que el resto.

Los autores de este estudio concluyen que el proceso de envejecimiento puede ser medido y cuantificado en personas aún jóvenes y que no han desarrollado todavía enfermedades propias de una edad avanzada, lo que abre la puerta al empleo de terapias antienvejecimiento (que no hay que confundir con los cosméticos). Así pues parece que la ciencia del envejecimiento haría bien en estudiar también a los jóvenes y no solo a los viejos, salten por la ventana, o no.

20 de septiembre de 2015

---

1 Referencia: Daniel W. Belskya et al. (2015). Quantification of biological aging in young adults. www.pnas.org/cgi/doi/10.1073/pnas.1506264112. 2.- Jonas Jonasson (2009). El abuelo que saltó por la ventana y se largó. ISBN: 978-84-9838-416-1.

NEURONAS CONTRA LA OBESIDAD

Hasta finales del siglo XX no comenzó a comprenderse cómo funcionaba el "apestato"

PROBABLEMENTE TODOS ESTAMOS familiarizados con el hecho de que nuestro cerebro posee un "termostato", capaz de detectar la temperatura corporal y de actuar en consecuencia para mantenerla si esta se aleja de un valor óptimo, que suele ser unos 37°C. Una bajada de la temperatura corporal hace que el termostato dé las órdenes necesarias para poner en marcha mecanismos que generan calor, como los temblores musculares o la quema de grasa por parte del tejido adiposo marrón. La grasa almacenada por este tejido es "quemada" con el único objetivo de generar calor, y no trabajo útil, como el que se genera por los músculos al correr, moverse, o bailar un tango. Al contrario, una subida de la temperatura desencadena la formación de sudor para refrigerar al cuerpo.

La temperatura no es lo único que el cuerpo necesita mantener constante. Otro factor que en condiciones de salud debe mantenerse en un estrecho rango es el peso corporal. Para conseguirlo, el cerebro también cuenta con un mecanismo regulador del apetito, que el gran escritor y divulgador científico estadounidense Isaac Asimov denominó el "apestato".

Durante la evolución de las especies, vencer cada día en la lucha por conseguir energía en forma de alimento ha resultado fundamental. Debido a la dificultad de conseguir comida, el "apestato" detectaba mucho más frecuentemente disminuciones de peso corporal que aumentos del mismo, y daba las órdenes necesarias para estimular la búsqueda de alimento. Sin embargo, acumular peso por encima de un nivel óptimo también resultaba peligroso para la supervivencia, ya que un animal obeso no podría cazar a sus presas, o escapar fácilmente de los depredadores. Por consiguiente, durante la evolución, el correcto funcionamiento del "apestato" resultó crítico, como también resultó crítico el correcto funcionamiento del "termostato".

Hasta finales del siglo XX no comenzó a comprenderse cómo funcionaba el "apestato". Para ello, fue fundamental el descubrimiento de la hormona leptina, llamada así a partir de la palabra griega "lepto", que significa delgado, ligero. Los estudios realizados con esta hormona revelaron que era producida por el tejido adiposo blanco, es decir, por el tejido encargado de almacenar en forma de grasa el exceso de calorías que se hubiera podido ingerir en un periodo de comida abundante.

Ciencia ligera

Los primeros estudios con esta hormona revelaron que conforme más grasa almacena el tejido adiposo, y más células adiposas (adipocitos) se generan, más leptina es producida y liberada a la sangre por ellas. Así, la concentración de leptina en la sangre resulta aumentar de acuerdo a la cantidad de grasa almacenada.

Estudios posteriores revelaron que la leptina, como otras hormonas, actúa sobre unas proteínas receptoras presentes en la membrana de ciertas células. En este caso, las células con las proteínas receptoras eran neuronas localizadas en el hipotálamo, una región del cerebro muy cercana a la glándula pituitaria, la cual regula la producción de la práctica totalidad de las hormonas.

Al actuar sobre estas neuronas del hipotálamo, la leptina generaba una sensación de saciedad, lo que conducía a detener el comportamiento de búsqueda de alimento. Gracias al aumento de leptina en sangre, el cerebro sabía que, por el momento, el tejido adiposo contaba con suficiente energía almacenada y resultaría contraproducente almacenar más. Al contrario, cuando la grasa era consumida, y el tejido adiposo disminuía, los niveles de leptina en sangre disminuían igualmente. Esto conducía a generar una sensación de hambre y a estimular la búsqueda de alimento. De este modo, la leptina contribuye de manera muy importante al mantenimiento del peso corporal dentro de un rango estrecho de valores.

Sin embargo, pronto resultó evidente que la leptina hacía algo más que regular la ingesta de alimentos. La hormona también actuaba sobre las grasas acelerando su metabolismo de degradación, es decir, facilitando su circulación desde el tejido adiposo a otros tejidos, como el músculo, donde podrían ser también "quemadas". El mecanismo por el cual la leptina afectaba al metabolismo de las grasas, además del control de la ingesta de alimentos, era completamente desconocido.

Ahora, un nuevo trabajo de investigación coliderado por Ana Domingos, del Instituto Gulbenkian de Ciencia, en Oeiras, (Portugal), y por Jeffrey M. Friedman -uno de los descubridores de la leptina- de la Universidad Rockefeller, de Nueva York, revela que la leptina actúa sobre el propio tejido adiposo blanco que la produce a través del sistema nervioso.

Los investigadores descubren el sorprendente hecho de que el tejido adiposo blanco se encuentra conectado mediante fibras nerviosas con el sistema nervioso simpático, encargado de controlar las acciones inconscientes de nuestro cuerpo, como el funcionamiento del estómago e intestino. Las fibras nerviosas son muy finas y por ello no habían podido ser descubiertas hasta ahora. No obstante, son capaces de envolver por completo a los adipocitos.

Para demostrar que esta inervación actuaba sobre el tejido adiposo movilizando las grasas, los investigadores utilizan una poderosa técnica especializada, denominada optogenética. Con ella se puede estimular el funcionamiento de neuronas específicas mediante la luz. Los científicos comprueban así que la estimulación de las neuronas que conectan con el tejido adiposo estimula la movilización de las grasas. A continuación, los investigadores eliminan las conexiones nerviosas con el tejido adiposo y comprueban que en esas condiciones la leptina no es capaz de estimular la degradación de las grasas.

Estos descubrimientos, publicados en la prestigiosa revista *Cell*[1], abren ahora la puerta a que una directa estimulación controlada del sistema nervioso simpático pueda ser utilizada para estimular la degradación de las

---

1 Zeng et al., Sympathetic Neuro-adipose Connections Mediate Leptin-Driven Lipolysis, Cell (2015), http://dx.doi.org/10.1016/j.cell.2015.08.055

grasas y permita luchar contra la obesidad y los problemas de salud asociados con ella.

27 de septiembre de 2015

Un Paso Más Contra El SIDA

Si en este mundo hay esperanzas con fundamento, esas son las basadas en la ciencia

CREO QUE UN magnífico ejemplo para comprender la dificultad de la investigación biomédica y lo mucho que aún desconocemos sobre los mecanismos moleculares de la vida lo proporcionan los virus, en particular el más estudiado de ellos y no por ello aún vencido: el virus de la inmunodeficiencia humana o VIH, causante de la enfermedad del SIDA.

El virus VIH posee un genoma de solo 9.719 letras y produce tan solo 15 proteínas. En comparación con los miles de millones de letras de los genomas de animales o plantas complejas, y las decenas de miles de proteínas que estos organismos generan, podemos decir que el virus VIH es un organismo bastante simple. Sin embargo, esta simplicidad es solo aparente. No conocemos aún todos los mecanismos moleculares que el virus emplea para evadir la acción del sistema inmune y para manipular a las células que infecta de modo que se dediquen a fabricar nuevos virus por encima de otras funciones que puedan realizar.

Y es que para maximizar su efectividad, parece hoy cada vez más claro que las proteínas que el virus VIH produce, desde el punto de vista de sus funciones, se parecen mucho a esas navajas suizas de múltiples usos, que igual te pelan una patata que te aprietan el tornillo que el vecino suele llevar suelto en la cabeza. Así, una sola proteína del virus es también multiusos y puede afectar a varios procesos celulares de manera que beneficie al virus en su objetivo reproductor.

Evidentemente, esta propiedad de las proteínas del virus hace más difícil que lleguemos a conocer todas las funciones que realizan. Para complicar aún más las cosas, es también conocido que las células poseen mecanismos de contrataque que intentan neutralizar las acciones de las proteínas del virus. Conocer cuáles son puede ser muy importante para potenciarlos y disminuir su capacidad infectiva.

Para averiguar la importancia que una proteína concreta posee para el virus, los investigadores pueden ahora eliminarla de su genoma, gracias a las modernas técnicas de Biología Molecular, y estudiar si el virus es capaz o no de reproducirse. Así, se ha comprobado que una de las proteínas muy importantes para la reproducción del virus VIH es la proteína llamada Nef. Entre sus varias funciones, Nef parece aumentar la infectividad. Los virus VIH carentes del gen Nef se reproducen mal, aunque en ocasiones el virus puede reproducirse sin problemas en determinadas células.

SEÑAL DE AVISO

La razón de esta diferencia era desconocida, aunque es razonable suponer que las células en las que los virus VIH carentes de Nef se reproducen sin problemas deben carecer del mecanismo de contrataque contra esta proteína. Sin embargo, aquellas células en las que los virus VIH carentes de Nef se reproducen mal, deben poseer este mecanismo activo.

Para averiguar qué genes y proteínas celulares están implicadas en este mecanismo de resistencia al VIH, investigadores de la Universidad de Ginebra, en Suiza, eliminan el gen Nef del virus VIH e infectan con él varios tipos de células en el laboratorio. Como era de esperar, algunas células fueron mucho más resistentes al virus carente de Nef que otras.

Los investigadores realizaron entonces un análisis de los genes que las células tenían funcionando, en busca de alguno que funcionara mucho más intensamente en las células resistentes que en las sensibles al VIH. Gracias a nuevas técnicas estadísticas de comparación de los niveles de funcionamiento génico, que los propios investigadores desarrollan, estos son capaces de identificar un gen, llamado SERINC5, que produce elevados niveles proteína. Esta proteína se localiza en la membrana exterior de las células, a la que atraviesa de adentro hacia afuera nueve veces.

Así pues, la función de la proteína producida por SERINC5 debe ser contrarrestada por Nef, lo que favorece la infectividad y reproducción del virus. Cuando SERINC5 no se encuentra, o se encuentra en poca cantidad, Nef no es necesario para que el virus infecte a las células.

¿Qué hace esta proteína para afectar la capacidad infectiva del virus?

Los investigadores explican que la función de la proteína se desarrolla en dos etapas. En la primera, el virus infecta a las células sin problemas. Cuando se han producido nuevos virus y estos salen de las células, se llevan consigo parte de la membrana de estas para construir sus propias membranas protectoras. En estas membranas, inevitablemente, los virus llevan consigo la proteína SERINC5 de la primera célula a la que infectaron.

Ahora, en una segunda etapa, los virus intentan infectar a nuevas células, pero en este caso la proteína SERINC5 actúa como una señal de alarma para estas células, y el virus no es capaz de infectarlas. Los estudios revelan que la proteína Nef del virus evita que SERINC5 se incorpore en la membrana vírica y emita esta señal de alarma, por lo que resulta crucial para que los virus VIH sigan infectando a las células. No obstante, los investigadores también desvelan que si la célula infectada posee una elevada cantidad de SERINC5 ni siquiera Nef puede evitar que esta se incorpore en la membrana vírica, lo que conduce a que la infección se detenga.

Estos descubrimientos, publicados en el último número de la revista *Nature*[1], indican que si fuera posible estimular el funcionamiento del gen SERINC5 en los pacientes de SIDA, junto con las terapias antirretrovirales de las que ya disponemos, tal vez pudiera detenerse por completo la reproducción del virus y llegar a curar la enfermedad. Esto, hoy, es solo una esperanza, pero si en este mundo hay esperanzas con fundamento, esas son las basadas en la ciencia.

4 de octubre de 2015

1 Annachiara Rosa et al. (2015). HIV-1 Nef promotes infection by excluding SERINC5 from virion incorporation. Nature. http://www.nature.com/nature/journal/vaop/ncurrent/full/nature15399.html

POR QUÉ LOS ELEFANTES NO TIENEN CÁNCER

Las mutaciones en algunos genes son imprescindibles para que el cáncer se desarrolle

SÍ. COMO LO acaba de leer. Resulta que los elefantes, sean asiáticos o africanos, además de tener buena memoria, y de evitar entrar en cacharrerías, casi nunca tienen cáncer. Esto era hasta ahora un misterio cuya resolución podría tal vez proporcionarnos algunas valiosas indicaciones sobre cómo prevenir esta enfermedad.

El misterio era aun mayor porque los elefantes son mayores que nosotros. No es un chiste malo. Los elefantes poseen alrededor de cien veces más células que un ser humano, y gozan de una longevidad similar a la nuestra, por lo que si todo lo demás fuera igual, tendrían cien veces más probabilidades que nosotros de desarrollar cáncer a lo largo de su vida. Sin embargo, sufren mucha menor incidencia de cáncer que nosotros. Se estima que solo un 5% de los elefantes desarrollan cáncer, en comparación con el 11-25 % de los humanos, cuando por su talla no debería ser así. ¿Qué protege a los elefantes de desarrollar cáncer?

Puesto que las mutaciones en algunos genes son imprescindibles para que el cáncer se desarrolle, un estudio realizado por investigadores del Instituto Huntsman sobre el cáncer, de las universidades de Utah y del Estado de Arizona, en los EE.UU, en colaboración con investigadores del Centro para la conservación de elefantes Ringling Bros., ha abordado esta cuestión mediante el análisis en profundidad del genoma del elefante, en busca de genes que pudieran protegerles del cáncer. Las mutaciones que conducen al cáncer pueden suceder en genes denominados genes supresores de tumores, los cuales ejercen funciones protectoras del cáncer.

Cuando las mutaciones en estos genes conducen a un daño que impide su función protectora, los cánceres pueden desarrollarse. Otro tipo de genes, denominados oncogenes, al contrario, inducen el desarrollo del cáncer cuando ciertas mutaciones los activan de manera incontrolada. La combinación de mutaciones que inactivan a genes supresores de tumores y activan oncogenes es un coctel generador de cáncer.

Así, los elefantes podrían tener menos oncogenes que los humanos, o más genes supresores de tumores que nosotros. En efecto, el análisis del genoma del elefante realizado por los investigadores ha revelado que este posee hasta cuarenta copias del gen supresor de tumores más importante de todos los conocidos, el llamado p53. Nosotros solo poseemos dos copias de este gen, por lo que los elefantes nos superan por un factor de veinte.

TRES FUNCIONES

¿Cómo protege p53 del desarrollo del cáncer? Este gen desempeña tres funciones fundamentales en este aspecto. La primera es que puede inducir la actividad de proteínas reparadoras del daño al ADN cuando este se produce, por ejemplo, por radiación ultravioleta del sol u otras agresiones químicas (contaminación, tabaco, alcohol, etc.). En segundo lugar, p53 puede detener el crecimiento celular en un punto del ciclo de división de las células, lo que da tiempo a las proteínas reparadoras del ADN a enmendar el daño sufrido. Si este es corregido con éxito, p53 permitirá a la célula continuar con el proceso de división celular. Por último, si el daño es demasiado importante y no puede ser reparado, p53 induce la muerte por suicidio de la célula dañada, es decir, induce el proceso denominado apoptosis o muerte celular programada.

Los investigadores descubren también el interesantísimo hecho de que las treinta y ocho copias extra de este gen que posee el elefante son de un tipo particular llamado retrogenes. Los retrogenes provienen de la generación de ADN a partir del ARN mensajero producido por un gen normal. Esta nueva copia de ADN puede, en ocasiones, volverse a insertar al azar en un lugar del cromosoma. Dependiendo de donde se haya insertado, y si cuenta con elementos que permitan su funcionamiento como gen o no, podrá producir una cantidad extra de proteína.

Treinta y ocho copias extra de este gen son muchas como para que alguna de ellas no ayude a incrementar la cantidad de la proteína p53 de las células de elefante. Para comprobar si sucedía esto, los investigadores comparan la respuesta, a la radiación ultravioleta y a una sustancia que causa mutaciones, de las células de elefante, de células humanas normales, y de células de pacientes del síndrome Li-Fraumeni, los cuales solo poseen una copia normal del gen p53, por lo que son muy susceptibles de desarrollar cáncer.

Los científicos comprueban que las células de elefante expuestas a la radiación o al mutágeno se suicidan por apoptosis a una tasa dos veces superior a la de las células humanas normales, y cinco veces superior a la de las células de pacientes de síndrome de Li-Fraumeni. Estos hallazgos, publicados en la revista especializada JAMA[1] (*Journal of the American Medical Association*), indican que una cantidad extra (aún no determinada) de p53 podría inducir con mayor eficacia la muerte de células con mutaciones en su ADN y evitar así que los elefantes desarrollen cáncer.

Desde el punto de vista de la prevención del cáncer, estos hallazgos tal vez no sean demasiado útiles en el corto plazo. No es fácil, ni resulta sensato, modificar nuestro genoma para incrementar la cantidad de p53 en nuestras células. Sin embargo, desde el punto de vista científico y, en particular, evolutivo, estos descubrimientos pueden ayudar a explicar por qué los elefantes no se han extinguido simplemente por sufrir cáncer en tasas normales para su tamaño y longevidad. Al parecer, su supervivencia ha dependido en gran medida de su capacidad para acumular numerosas copias del gen supresor de tumores p53.

11 de octubre de 2015

1 Lisa M. Abegglen et al. (2105) Potential Mechanisms for Cancer Resistance in Elephants and Comparative Cellular Response to DNA Damage in Humans. JAMA. Published online October 08, 2015. http://jama.jamanetwork.com/article.aspx?articleid=2456041
http://jorlab.blogspot.com.es/2005/09/p53-freno-tumoral-acelerador-del.html

LA FUERZA DE LA SEÑAL

Ambos tipos de células provienen de una célula madre primordial

PARA ALGUIEN QUE, como yo, ha estado involucrado en investigación desde muy joven, es motivo de gran alegría comprobar que algunas ideas y observaciones realizadas durante nuestra labor investigadora, aquí en Albacete, se ven confirmadas y aumentadas por el trabajo de otros grupos de investigación más importantes.

Esto es lo que ha sucedido esta semana con la publicación de un avance sobre el modo en que algunas células madre generan las células de la sangre y, al mismo tiempo, también las células de las paredes de las arterias. El avance ha sido realizado, además, por un grupo español (al menos todavía) dirigido por una mujer, la doctora Anna Bigas, del Institut Hospital del Mar d'Investigacions Mèdiques de Barcelona, y ha sido publicado en la revista *Nature Communications*[1]. ¿En qué consiste este avance y en qué nos atañe a nosotros aquí en Albacete?

Como sabemos, las células madre son células precursoras de otras más especializadas. En otras palabras, las células madre no realizan otra función que la de generar células hijas que, en el proceso de su generación, adquieren las propiedades que les permiten realizar una función concreta en el organismo. Por ejemplo, los glóbulos rojos realizan la función de transportar el oxígeno en la sangre y los linfocitos desarrollan una función de defensa. Sin embargo, ambos tipos de células provienen de una misma

1 Referencias: Leonor Gama-Norton et al. Notch signal strength controls cell fate in the haemogenic endothelium. Nature Communications (2015). DOI: 10.1038/ncomms9510.

célula madre primordial que va generando células hijas, las cuales se transforman progresivamente siguiendo diferentes caminos que les conducen a su destino final en tanto que células útiles. Su destino se materializa poniendo en marcha los genes necesarios para una función concreta, y apagando los que no son necesarios para dicha función.

Este proceso de transformación es muy importante, claro está, y para que se produzca correctamente es fundamental que las células madre se comuniquen entre sí, a medida que van multiplicándose y transformándose, y decidan todas juntas cómo generar el número adecuado de cada tipo de células hijas. Muy bien, pero ¿cómo se lleva a cabo esta comunicación?

COMUNICACIÓN TÁCTIL

Las células, para comunicarse, necesitan bien tocarse entre sí, bien enviarse moléculas a distancia unas a otras. El primer tipo de comunicación es tal vez el más fundamental y primigenio, ya que los mecanismos moleculares que participan en él se encuentran presentes en todas las especies de organismos pluricelulares, desde los más sencillos gusanos, con solo mil células en sus cuerpos, hasta las impresionantes ballenas, con billones de ellas.

En este tipo de comunicación por proximidad y contacto son fundamentales los receptores Notch, descubiertos hace algo más de un siglo[2]. Estos receptores se encuentran localizados en la membrana exterior de las células madre y son activados por proteínas, llamadas ligandos, presentes en las membranas de células vecinas a las que poseen el receptor. La activación de estos receptores envía una señal al interior de las células, la cual pone en marcha un mecanismo molecular conducente a modificar el funcionamiento de ciertos genes, precisamente los necesarios para la transformación de una célula madre en una célula hija particular. El mecanismo es muy complejo, cuando pensamos que existen cuatro receptores Notch y al menos nueve ligandos que interaccionan en diversos grados con cada uno de ellos, lo que conduce a la modificación del funcionamiento de diversos genes.

2 http://jorlab.blogspot.com.es/2014/01/un-siglo-de-notch.html

En nuestro trabajo de investigación, primero en Estados Unidos y luego en Albacete, descubrimos dos genes que producen ligandos inhibidores de la señal de Notch, a los que llamamos Dlk1 y Dlk2. Nuestros estudios con estos genes nos llevaron a considerar la hipótesis de que no solo la activación de los receptores Notch era importante para el correcto desarrollo de las células hijas, sino que la intensidad de esa activación era fundamental. En nuestras células, diferentes niveles de intensidad se conseguían gracias a la acción inhibidora de las proteínas Dlk, que competían con los ligandos de Notch por su acceso a ellos. Esta hipótesis vino avalada por un conjunto de observaciones experimentales, tanto con células normales como cancerosas, que hemos publicado en diversas revistas científicas.

Y bien, ahora, el grupo dirigido por Anna Bigas revela en su interesante trabajo que la intensidad de la señal emitida por los receptores Notch es fundamental para que las células madre se transformen bien en células hijas de la sangre, bien en células hijas que forman las arterias. Para que se produzcan estas últimas, es necesario que muchos receptores Notch se activen al mismo tiempo, pero para que se produzcan las células de la sangre solo deben activarse unos pocos receptores Notch.

Sin embargo, en este caso, las proteínas Dlk no participan en este proceso. Los investigadores revelan que este diferente nivel de activación de los receptores Notch se produce debido a su diferente grado de interacción con distintos ligandos. Así, el ligando llamado Jagged1 induce una débil señal de Notch, lo que induce la diferenciación hacia células de la sangre. Sin embargo, cuando Jagged1 está ausente, otro ligando, llamado Dll4, induce una fuerte activación de Notch, lo que conduce a que las células madre se conviertan en células de las arterias.

Estos avances son un paso más hacia la comprensión de los complejos mecanismos por los que las células madre se convierten en las diferentes células hijas de nuestros cuerpos. Su comprensión y manipulación controlada permitirá generar en el futuro todo tipo de células y órganos, lo que hará posible regenerar la función de aquellos dañados o envejecidos. El sueño de la medicina regenerativa se encuentra un poquito más cerca de hacerse realidad.

18 de octubre de 2015

OBRERAS *TRANSFORMERS*

Todo misterio elucidado implica progreso para la Humanidad

EL UNIVERSO MANTIENE aún numerosos misterios que la ciencia se esfuerza en desvelar, pero los misterios no son menores en el ámbito de la vida en la Tierra. Normalmente, estos misterios permanecen inexplorados a menos que su elucidación permita obtener un mejor tratamiento para alguna enfermedad. Sin embargo, de vez en cuando, se produce algún avance que, aunque no permite curar nada, es igualmente importante, porque todo misterio elucidado implica progreso para la Humanidad.

Seguramente, estamos familiarizados con el hecho de que las distintas células de nuestros cuerpos poseen el mismo genoma, es decir, el mismo conjunto de genes y, por consiguiente, la misma información genética. A pesar de esto, contamos con cientos de células diferentes que ejercen, de manera obediente y coordinada, diferentes funciones. Unas sirven para digerir los alimentos; otras, para generar los huesos; otras, para transportar oxígeno; otras, para moverse... e incluso algunos poseen otras, pocas, que les permiten pensar.

La diversidad de fenotipos celulares (clases de células) deriva del mismo genotipo (información genética). Esto es posible gracias a que a partir de esa misma información genética se seleccionan subconjuntos de genes con la información estrictamente necesaria para generar cada uno de los tipos celulares propios de los organismos pluricelulares. Estos subconjuntos de genes se van poniendo en marcha y apagándose a medida que de una célula madre se van derivando las células hijas.

La diferencia de fenotipos generados a partir del mismo genotipo no es solo propia de las células, y puede observarse también en algunos animales, en particular en los insectos. Estamos familiarizados con el hecho de que orugas y mariposas provienen de especies de los mismos insectos en diferentes etapas de sus ciclos vitales. Igualmente, las reinas de abejas y hormigas, las únicas capaces de poner huevos y reproducirse, poseen el mismo genoma que las obreras, que no pueden hacerlo.

Cómo se produce esta plasticidad de fenotipos en las especies de insectos sociales, y también cómo la evolución las ha llegado a seleccionar, ha sido objeto de estudio por la ciencia. Se ha investigado mucho sobre el genoma de la abeja productora de miel, tal vez por el evidente interés económico de esta especie, y también sobre los genomas de algunas especies de hormigas. Lo que se ha descubierto, brevemente, es que reinas y obreras no poseen el mismo conjunto de genes funcionando.

La manera en que reinas y obreras seleccionan los genes que las hacen posibles es mediante la puesta en marcha o detención del funcionamiento de determinados de ellos que les capacitan para realizar las funciones que les son propias. Sin embargo, una vez seleccionados estos genes, las reinas y las obreras tienen su destino fijado. En esto son idénticas a nuestras células. Una neurona o una célula del hígado no pueden normalmente convertirse en otra célula diferente. Una reina no podrá convertirse en obrera, ni una obrera convertirse en reina.

Reinas sustitutas

Sorprendentemente, esto no es siempre así en todas las especies de insectos himenópteros (el orden de insectos al que pertenecen avispas, abejas y hormigas). Algunas especies de avispas sociales, que viven en sociedades no tan complejas como las de las abejas, cuentan con obreras que pueden convertirse en reinas incluso cuando son adultas. Si la reina muere, una de las obreras puede ocupar el trono vacante y dedicarse a las funciones reproductoras que antes no podía ejercer. El mismo fenómeno sucede en algunas especies de hormigas que también viven en sociedades simples.

Evidentemente, esta metamorfosis hacia la realeza no puede realizarse sin modificaciones en el funcionamiento de los genes, los cuales capacitan la puesta en marcha de, tal vez, órganos atrofiados y de nuevos mecanismos para realizar las funciones necesarias. Cómo se ponen en marcha estos genes y por qué estas especies de avispas y hormigas pueden hacerlo y otras, no, era un misterio que un nutridísimo grupo de investigadores de varios países europeos, incluido España, consideraron que merecía la pena investigar.

Utilizando las nuevas tecnologías de la biología y genética moleculares, los investigadores secuencian el genoma completo de una especie de avispa y otra de hormiga que son capaces de transformarse de obreras en reinas[1]. Además, analizan el patrón de modificación química (epigenética) de los genomas de reinas y obreras, así como el nivel de funcionamiento de los llamados micro RNAs, que son pequeños fragmentos de ARN que regulan el funcionamiento de muchos genes.

En el caso de las reinas y obreras de hormigas y abejas tradicionales, era conocido que las modificaciones químicas en el ADN, la epigenética que afecta al funcionamiento de los genes, es un mecanismo importante para seleccionar qué genes funcionan en las reinas y cuáles en las obreras y dejarlos encendidos o apagados permanentemente. En el caso de las avispas y hormigas cuyas obreras pueden transformarse en reinas, esto no sucede. Tampoco parece que los micro RNAs desempeñen un papel preponderante en esta capacidad.

Lo que los investigadores encuentran es que existe un conjunto de genes, una especie de "caja de herramientas" genética, que se ponen en marcha juntos cuando es necesario que una obrera se transforme en reina, pero el mecanismo preciso de este funcionamiento no ha podido ser aún revelado. Este nuevo conocimiento indica que existen nuevos procesos aún por desvelar en el control del funcionamiento génico que son responsables de las asombrosas transformaciones de fenotipo que los insectos pueden

---

1 Solenn Patalano et al. (2015). Molecular signatures of plastic phenotypes in two eusocial insect species with simple societies www.pnas.org/cgi/doi/10.1073/pnas.1515937112

efectuar. Su comprensión tal vez tenga repercusiones insospechadas para otros aspectos de la biología, o incluso de la medicina.

25 de octubre de 2015

CARNE Y CÁNCER

Este es un artículo especial dedicado al informe publicado por la Agencia Internacional de Investigación Contra el Cáncer (IARC), que depende de la OMS. Este informe afirma que la carne roja es probablemente carcinogénica, y la carne procesada es carcinogénica con seguridad.

LO QUE HA sucedido con esta noticia es muy interesante desde el punto de vista de lo difícil que resulta concluir que algo es un hecho científicamente probado, de lo difícil que es para la sociedad interpretar correctamente esta noticia, y de los intereses económicos, y también emocionales, que intentan falsear un hecho científicamente demostrado tras años de estudio. Estos aspectos me han motivado a escribir este artículo.

¿QUÉ ES LA IARC Y QUÉ HACE?

La IARC ha evaluado más de 900 sustancias por su posible riesgo de causar cáncer. Entre ellas se encuentran productos químicos, mezclas complejas (contaminación), riesgo asociado a la exposición por el trabajo (minas de carbón), agentes físicos (UVA), agentes biológicos (virus) y hábitos personales.

¿CÓMO EVALÚA?

La evaluación se realiza por expertos internacionales independientes. Estos expertos revisan:

1. Datos epidemiológicos (carcinogenicidad en humanos).
2. Datos en animales de laboratorio.
3. Estudios sobre el mecanismo por el que los diversos agentes pueden causar cáncer. Esto es muy importante, ya que sin la existencia de un mecanismo molecular claro por el que una sustancia podría causar cáncer, las conclusiones sobre su carcinogenicidad pierden solidez.

Es importante mencionar que los expertos de IARC no realizan nuevos estudios, sino que intentan extraer conclusiones sólidas de los cientos de estudios realizados durante varios lustros o décadas.

¿CÓMO CLASIFICA LA IARC LOS AGENTES?

Esta agencia clasifica las sustancias o agentes en cuatro grupos.

- Grupo 1. Carcinogénico en humanos.
- Grupo 2A. Probablemente carcinogénico.
- Grupo 2B. Posiblemente carcinogénico.
- Grupo 3. No clasificable (insuficiente evidencia).
- Grupo 4. Probablemente no carcinogénico.

Posible significa que ha sido demostrado que el agente es carcinogénico en animales, pero no contamos con suficiente evidencia en humanos. Probable, significa que sí contamos con cierta evidencia también en humanos, además de la evidencia en animales.

La clasificación en un grupo indica que existe o no peligro de que sea carcinogénico, pero no indica el grado de peligro, es decir, el riesgo. Por ejemplo, el tabaco y la contaminación son carcinógenos, pero el consumo de tabaco es un riesgo mucho mayor que la contaminación. Sin embargo, como solo una parte de la población fuma, mientras que casi todos estamos expuestos a la contaminación, el número de casos de cáncer causados por esta puede ser superior a los causados por el humo del tabaco.

¿CUÁNTOS CIENTÍFICOS ESTÁN INVOLUCRADOS EN EL INFORME IARC?

Veintidós científicos de diez países, sobre todo estadounidenses y europeos. Entre ellos se encuentran dos japoneses y un australiano. Ninguno es español o hispanoamericano. En tanto que observador, aparece un uruguayo, del instituto nacional de carnes de Uruguay, que es una persona relacionada con el mundo de la producción y distribución de carne, pero no un experto en epidemiología o biología del cáncer.

¿CUÁNTOS ESTUDIOS FUERON EVALUADOS?

El panel evaluó alrededor de ochocientos estudios sobre la carcinogenicidad de la carne roja o procesada. Publica sus conclusiones más sobresalientes en la revista The Lancet[1], una de las más importantes de la medicina clínica.

¿CÓMO DEFINE LA IARC LA CARNE ROJA?

La carne roja es la procedente de músculo de mamíferos que incluyen la vaca, el toro, la ternera, el buey, el cerdo, el cordero, la cabra y el caballo, además de otros animales de caza, como jabalís o ciervos, por ejemplo. La carne de ave no es carne roja.

¿POR QUÉ SE DENOMINA CARNE ROJA?

Por la gran cantidad de mioglobina que contiene (molécula que almacena oxígeno en el músculo). Como veremos luego, esto es muy importante en relación al mecanismo molecular por el que la carne roja causa cáncer.

¿CÓMO DEFINE LA IARC LA CARNE PROCESADA?

La tratada de alguna forma (salado, curado, fermentación) para potenciar el sabor o la conservación. En esta categoría entran todas las salchichas y los embutidos y también el jamón.

---

1 http://dx.doi.org/10.1016/S1470-2045(15)00444-1

CONCLUSIONES DE LA EVALUACIÓN DE LOS ESTUDIOS

- La carne procesada es carcinógena en el caso del cáncer de colon (pertenece al grupo 1). El consumo de 50 gramos diarios de carne procesada aumenta el riesgo de cáncer de colon un 18%.
- La carne roja es probablemente carcinógena en el caso del cáncer de colon (pertenece al grupo 2A). El consumo de 100 g diarios de carne roja aumenta el riesgo de cáncer de colon un 17%.
- Se observa una asociación positiva entre el consumo de carne procesada y cáncer de estómago y una asociación positiva entre cáncer de páncreas y cáncer de próstata y carne roja. Estas asociaciones, sin embargo, no permiten atribuir una relación causa-efecto con seguridad.

Para llegar a estas conclusiones, los expertos tienen en cuenta otros factores considerados en los estudios que pueden contribuir a causar cáncer: modos de vida, ejercicio físico, consumo de alcohol, de tabaco, etc.

Por consiguiente, cuando concluyen que la carne incrementa el riesgo de cáncer es porque son capaces de aislar este riesgo del de otros factores. Por ello, el argumento de la industria cárnica de que atribuir el cáncer a solo una causa es erróneo, es también erróneo. La IARC no atribuye el desarrollo del cáncer solo al consumo de carne, sino que esta evalúa la contribución que este consumo tiene sobre el riesgo de desarrollar cáncer, independientemente de otros factores.

¿QUÉ SIGNIFICA QUE EL RIESGO SUBE UN 18%?

Aquí es donde, en mi humilde opinión, la IARC podría haber sido más ágil en dar explicaciones en general, y también la prensa en general podría haber hecho un mayor esfuerzo para explicarlo.

Los datos de que se disponen indican que alrededor de un 5% de las personas en el mundo desarrollado serán diagnosticadas de cáncer de colon a lo largo de su vida. Esto indica que el riesgo de sufrir cáncer de colon es un 5%. Esta cifra ya incluye a las personas que consumen carne en exceso. Esto quiere decir que el riesgo para una persona que no consuma carne en exceso es aún menor.

Un aumento del riesgo en un 18% para las personas que consumen carne supone que, de consumir carne en las cantidades estimadas por la IARC, en lugar de tener un riesgo del 5% tendríamos un riesgo cercano al 6%, ya que de 5 a 6 se produce un 20% de aumento.

Esto quiere decir que el consumo de carne en las cantidades propuestas podría aumentar como máximo de 5 a 6 de cada 100 personas las que serán diagnosticadas de cáncer a lo largo de su vida. No es un aumento muy importante.

Lo anterior sugiere que el problema de salud causado por el consumo excesivo de carne es mucho mayor por sus repercusiones sobre el sistema cardiovascular que sobre el desarrollo de cáncer.

Mecanismos. ¿Cómo causa cáncer la carne roja?

El cáncer es una enfermedad genética. Las mutaciones son fundamentales para su desarrollo. Las mutaciones pueden ser causadas por un agente, o producirse al azar. Sin embargo, las mutaciones no lo son todo. El sistema inmune ejerce una vigilancia que puede impedir a las células mutadas desarrollar cáncer.

Además, en el caso de los alimentos, un mayor consumo de carne puede suponer un menor consumo de otros alimentos que pueden proteger de las mutaciones, es decir, tal vez el consumo de carne no induzca mutaciones *per se*, pero impida el consumo de otras sustancias que protegen de ellas, o estimulan mejor el sistema inmune.

No obstante, los estudios analizados por la IARC indican una asociación entre mutaciones que inactivan al gen APC y el consumo de carne en los tumores de cáncer de colon. La investigación científica ha desvelado también que este gen produce una proteína fundamental para la regulación de los estímulos de división celular y la adhesión de unas células con otras, lo que de no funcionar bien puede contribuir a que, una vez el tumor se ha desarrollado, las células tumorales se despeguen y generen metástasis[2]. Por tanto, lo normal es que los tumores de colon posean mutaciones en el gen APC, pero es necesario averiguar si estas mutaciones son causadas

2 http://jorlab.blogspot.com.es/2015/06/hacia-la-descancerizacion-de-los-tumores.html

directamente por la carne o lo son por otras causas, pero, en este caso, el consumo de carne favorece el desarrollo de los tumores, por ejemplo por una menor inmunovigilancia.

Sin embargo, otras evidencias indican un efecto directo de la carne sobre la generación de mutaciones potencialmente carcinógenas.

- Cambios en marcadores de estrés oxidativo (en la orina, las heces o la sangre).
- Incremento de los productos de oxidación de lípidos en ratones de laboratorio.
- Un elevado consumo de carne (de 300 a 420 g/día) incrementa el número de anomalías en el ADN derivadas de la producción de compuestos N-nitrosos, que son carcinógenos.

La producción de compuestos N-nitrosos parece ser estimulada por el grupo hemo. Este grupo es el que contiene el hierro necesario para transportar el oxígeno con la hemoglobina, o para almacenarlo en el músculo con la mioglobina. El hierro participa en reacciones químicas de oxidación reducción que favorecen la generación de estos compuestos.

Los expertos también señalan que el asado de la carne puede causar la generación de productos potencialmente carcinogénicos. Estos productos, sin embargo, no se producirían en igual medida en la carne guisada, por lo que tal vez no fuera el consumo de carne, sino el consumo de carne cocinada de cierta manera la causante de mayor riesgo de cáncer.

No es así. Un estudio de este mismo año indica que el asado de la carne, aunque genera productos químicos potencialmente mutagénicos, no parece tener un efecto carcinógeno y que es el grupo hemo de la carne el causante de las mutaciones que pueden causar cáncer de colon. Además, el efecto del grupo hemo puede ser mitigado en animales de laboratorio por calcio, y tal vez por otras sustancias que pueden acompañar otros alimentos. Por supuesto, si es el grupo hemo el causante de las mutaciones, comer carne roja cruda no va a disminuir el riesgo de desarrollar cáncer. Finalmente, las sustancias que pueden añadirse a la carne procesada para mejorar su sabor o su conservación parecen igualmente ejercer un efecto mutagénico que se añade al del grupo hemo.

¿QUÉ DEBEMOS HACER?

Las conclusiones del informe son claras. Revelan un mayor riesgo de cáncer debido al consumo de carne procesada o roja, estiman la magnitud de dicho riesgo, y revelan un posible mecanismo molecular por el cual este riesgo aumenta por el consumo de carne.

La mejor forma de combatir el cáncer es intentar evitar que se produzca, y reducir el consumo de carne roja, pero sobre todo de procesada: hamburguesas, salchichas, chorizos, salchichones, jamón, salami, mortadela, etc. Además, esto también reducirá nuestro riesgo de enfermedades cardiovasculares.

La carne es un alimento de confirmado valor nutritivo. Contiene importantes vitaminas y otros nutrientes. De lo que se trata es de compaginar las ventajas con los riesgos, es decir, consumir la cantidad de carne que nos proporcione las mayores ventajas nutritivas, pero nos haga correr el menor riesgo de desarrollar cáncer. Por el momento, no se conoce cuál sería la mejor dosis de carne diaria, pero lo que sí podemos decir es que comer carne todos los días es probablemente insano, y que basta con consumirla una o dos veces por semana y aumentar el consumo de pescado, de aves y, sobre todo, de legumbres, de frutas y de verduras.

Las autoridades europeas manifiestan que la producción de carne se hace de acuerdo a los más altos estándares de calidad y de acuerdo a la legislación. Este argumento no me parece válido. Precisamente, lo que la ciencia va desvelando sobre la alimentación debe servir para modificar la legislación y las recomendaciones allí donde sea necesario, y no para escudarse en la ley vigente como medida de defensa ante un nuevo hecho revelado por la investigación que supone otra verdad incómoda.

En mi opinión, este caso es un ejemplo de que la ciencia no es neutral. La ciencia nos proporciona conocimiento sobre la realidad que nos permite tomar mejores decisiones, y eso es precisamente lo que debería hacer la política: tomar decisiones en base a lo que conocemos o creemos que puede ser mejor (para todos o para unos pocos, eso es otra cuestión). Tomar ciertas decisiones hoy sin conocimiento científico es, además de una estupidez, un suicidio.

31 de octubre de 2015

NEURONAS PICA-PICA

Los animales han desarrollado dos tipos de sensación de picor: el picor químico, y el picor físico

HOY, PARECE CLARO que a lo largo de la evolución de las especies, el sistema nervioso ha ido codificando la realidad en diferentes sensaciones que transmiten una cierta cualidad. Así, la luz es percibida en forma de colores; el sonido, en forma de diferentes tonos o intensidades acústicas; y las sustancias químicas que pueden encontrarse en el ambiente, en forma de diferentes olores.

El tacto no es una excepción, y distintos estímulos causan diversas sensaciones. No es lo mismo una caricia que un golpe, ni es lo mismo el dolor que el picor. En todo caso, es también claro hoy que todas esas formas de parcelar la realidad que durante la evolución ha realizado el sistema nervioso (imaginemos el caos y la confusión que resultaría de sentir de la misma manera todos los estímulos que llegaran a nuestros cuerpos) han sido necesarias para garantizar nuestra supervivencia. Aquellos animales que desarrollaron mejores mecanismos para diferenciar una amenaza de lo que no lo era y así evitarla, probablemente transmitieron sus genes con más frecuencia a las siguientes generaciones.

Hablando de amenazas, una de las más prevalentes para cualquier ser vivo la constituyen los parásitos. Defenderse de su ataque es prioritario para la supervivencia, y tanto el sistema inmune como el sistema nervioso han generado mecanismos de defensa contra ellos. Uno de estos mecanismos lo constituye la sensación de picor. Esta sensación, y el comportamiento de rascarse allá donde pica que induce, es un importante elemento de defensa frente a los parásitos.

Los animales han desarrollado dos tipos de sensación de picor: el picor químico, y el picor físico. El picor químico, como su nombre indica, está mediado por sustancias químicas. Entre ellas se encuentra la conocida histamina, un compuesto liberado por las células llamadas mastocitos, pertenecientes al sistema inmune, las cuales están especializadas en la lucha antiparasitaria. La histamina se libera ante una agresión de la piel, por ejemplo una picadura de mosquito o de abeja, la cual puede también causar dolor.

El picor físico se induce por ligeros estímulos mecánicos sobre la piel. Es el picor que nos suelen causar las molestas moscas u otros insectos, como los mosquitos, cuando se posan en alguna parte desnuda de nuestro cuerpo. Este picor es causado por los movimientos de los pelillos del vello que recubre casi toda nuestra piel, y cumple la evidente función de avisarnos de una posible amenaza e inducir que nos rasquemos para ahuyentarla.

ABLACIÓN POR TRANSGÉNESIS

Sin embargo, cuando algo falla en el mecanismo de control de la sensación de picor, suele desarrollarse el llamado picor crónico, o prurito, una sensación de picazón continua que no desaparece al rascarse. El picor físico puede inducirse fácilmente por estímulos táctiles en las personas que sufren de este problema, lo que sugiere que tal vez son los mecanismos de control de este tipo de picor los que se encuentran dañados en estas infortunadas personas.

Los mecanismos que intervienen en el picor químico han sido estudiados con cierta profundidad y se conocen los genes, neurotransmisores y neuronas de la médula espinal involucradas en el mismo, pero los mecanismos y neuronas que participan en el picor físico no son bien conocidos. Un grupo de investigadores de varios prestigiosos centros de investigación estadounidenses deciden rascarse la curiosidad sobre este tema, e intentan aportar nuevo conocimiento acerca de los mecanismos neuronales responsables de generar esta sensación de picor.

Puesto que se conocía que algunas neuronas concretas de la médula espinal participan en los circuitos neuronales que permiten la sensación del picor químico, los investigadores exploran si acaso otras neuronas, también de la médula espinal, podrían estar involucradas en el picor físico. Los primeros estudios demuestran que, como esperaban, la médula espinal contiene un tipo particular de neuronas que emplean un neurotransmisor concreto para comunicarse (llamado neuropéptido Y), las cuales podrían ser necesarias para el control de la sensación de picor físico. Llamaremos a estas neuronas, neuronas NPY.

Para comprobar si esta hipótesis era o no cierta, los científicos generan un ratón transgénico muy particular[1]. El ratón contiene el gen de la proteína receptora para la toxina de la difteria, que es mortal para las células que lo tienen. Además, el genoma de este ratón ha sido manipulado de tal forma que el receptor para la toxina de la difteria solo se produce por las neuronas NPY, haciéndolas muy sensibles a la toxina. En estos ratones, la administración de toxina de la difteria en dosis bajas es capaz de matar selectivamente a las neuronas NPY, y solo a ellas.

Dos semanas después de administrarles toxina de la difteria, los investigadores observaron que los ratones comenzaban a rascarse más de lo normal. Los picores que, al parecer, sentían los animales no estaban relacionados con mayor sensibilidad a potenciales sustancias químicas en el entorno, ya que la inyección de compuestos que producen picor no produjo mayor reacción en estos animales que en los animales normales, los cuales seguían teniendo neuronas NPY.

Estos datos indican que la función de las neuronas NPY es evitar una excesiva sensación de picor físico, que podría simplemente producirse espontáneamente por cualquier contacto, o incluso por el aire que podría mover los pelos del vello al menor movimiento. Los investigadores creen que el picor crónico podría derivarse de un mal funcionamiento de estas neuronas y que fármacos o procedimientos para restablecerlo podrán ayudar a los sufridos pacientes de prurito.

1 de noviembre de 2015

---

1 Steeve Bourane et al. (2015). Gate control of mechanical itch by a subpopulation of spinal cord interneurons. Science 30 October 2015: Vol. 350 no. 6260 pp. 550-554. DOI: https://dx.doi.org/10.1126/science.aac8653

QUÉ INTELIGENTE Y ECONÓMICO ES HACER EJERCICIO

El número de personas con enfermedad de Alzheimer se duplicará en los próximos veinte años

EL ENVEJECIMIENTO DE la población de los países desarrollados supone una amenaza para la estabilidad social. Diversos informes sugieren que si seguimos empeñados en alargar la esperanza de vida y en no morirnos cuando Dios manda, la desesperanza económica acabará por imponerse, en forma de recortes en sanidad y de muy menguadas pensiones para los pobres viejecitos indefensos, a quienes la sociedad no devolverá su esfuerzo con justicia, tras años y años de cotizaciones.

El panorama, en efecto, no es muy halagüeño, pero tenemos esperanzas de mejorarlo si conseguimos envejecer más lentamente y morirnos en mejor forma física y mental, alargando nuestra autonomía personal y el periodo de vida en buena salud justo hasta minutos antes de nuestra muerte, súbita, si fuera posible. Y es que un anciano en buena salud puede resultar oneroso, pero no es nada comparado con lo que cuesta un anciano con mala salud crónica por años y años. Son este tipo de vejestorios los que más preocupan al FMI... por nuestro propio bien.

Quizá por esta razón, últimamente se han multiplicado los estudios sobre los mecanismos biológicos del envejecimiento, sobre los factores que pueden retrasarlo y, sobre todo, que pueden retrasar la aparición de enfermedades crónicas de larga evolución, como la diabetes o la enfermedad de Alzheimer. Sin ir más lejos, se estima que el número de personas con enfermedad de Alzheimer se duplicará en los próximos veinte años. Sin embargo, incluso si no se sufre de esta terrible enfermedad, seguiremos sufriendo un deterioro físico e intelectual a medida que envejezcamos, el cual sería igualmente muy positivo minimizar.

Uno de los factores que ha demostrado retrasar el deterioro motor e intelectual es el ejercicio físico frecuente. Se ha comprobado que el ejercicio físico mejora el flujo sanguíneo cerebral y favorece la generación de nuevas neuronas y vasos sanguíneos en el área cerebral denominada giro dentado del hipocampo. En las personas que realizan regularmente ejercicio físico, el volumen de esta zona cerebral disminuye más lentamente con la edad, lo que se asocia a una menor pérdida de memoria. Además, la actividad física mejora la función cardiovascular y disminuye el nivel general de inflamación, es decir, regula también la actividad del sistema inmune.

La manera por la que el ejercicio físico ejerce estos beneficios no es conocida con detalle. Sea como fuere, el ejercicio físico debe poner en marcha mecanismos bioquímicos y fisiológicos, probablemente dependientes de genes concretos, que son los responsables de generar sus efectos.

EJERCICIO Y GENES

Para intentar averiguar qué sucede en el cerebro cuando se realiza ejercicio físico, investigadores del Instituto Jackson, en los EE.UU., someten a ratones de laboratorio a un régimen de ejercicio físico desde la edad de 12 meses (equivalentes a la mediana edad en seres humanos) hasta los 18 meses (equivalentes a unos 60 años de edad, cuando el riesgo de enfermedad de Alzheimer se incrementa de forma drástica)[1]. Los investigadores incluyen o no una rueda giratoria en las jaulas de estos animales (similar a la que se coloca en las jaulas de los hámsteres que algunos se empeñan en considerar sus mascotas) para permitirles correr.

Los animales corrieron alrededor de tres km cada noche, tanto si eran más jóvenes como si lo eran menos, lo que indica que desde los 12 a los 18 meses de edad los ratones son capaces de mantener su capacidad física, siempre que hagan ejercicio. El ejercicio físico mejoró la capacidad de los

1 Soto I, Graham LC, Richter HJ, Simeone SN, Radell JE, Grabowska W, et al. (2015) APOE Stabilization by Exercise Prevents Aging Neurovascular Dysfunction and Complement Induction. PLoS Biol 13(10): e1002279. doi:10.1371/journal.pbio.1002279

ratones más viejos para realizar actividades que son afectadas por la edad, como cavar un nido o agarrarse con fuerza a alguna cosa.

El análisis de los cerebros de estos animales indicó que el ejercicio disminuyó la pérdida de las células llamadas pericitos, células contráctiles que envuelven a los vasos sanguíneos cerebrales y mantienen la barrera hemato-encefálica que, entre otras funciones, impide el paso de células inmunes inflamatorias al cerebro. El ejercicio también disminuyó el número de células inmunes, en particular las que participan en la llamada microglia, de las que se sabe contribuyen al declive cognitivo al favorecer procesos inflamatorios.

Los investigadores eran conocedores de que el gen llamado ApoE, que participa en el transporte de colesterol a las neuronas, es uno de los factores que más incide en el desarrollo de la enfermedad de Alzheimer. Aquellos portadores de la variante E4 de este gen tienen de 10 a 30 veces más riesgo de desarrollar enfermedad de Alzheimer que los portadores de las variantes E2 o E3.

Para analizar si este gen podría estar implicado en los beneficios del ejercicio, los investigadores estudian qué sucede en ratones transgénicos carentes de ApoE. Aquí es cuando, en mi opinión, surge una sorpresa mayúscula, ya que en estos ratones el ejercicio físico no parece ejercer ningún efecto positivo sobre el deterioro cognitivo. Los investigadores analizan qué sucede con este gen en ratones normales y comprueban que su funcionamiento decrece con la edad, pero que el ejercicio físico consigue que se mantenga elevado por más tiempo.

Estos descubrimientos apuntan hacia nuevas avenidas de investigación para comprender la dependencia genética de los efectos del ejercicio físico, que tal vez puedan ayudar a disminuir el deterioro asociado al envejecimiento. Sea como sea, nos dicen también que si decidimos llevar una vida más activa, incluso si creemos que ya no tenemos edad para ello, nuestra capacidad física e intelectual se deteriorará menos con la edad y nuestra buena salud se mantendrá por más tiempo. Así que, ¿qué esperamos para tranquilizar al FMI?

8 de noviembre de 2015

AMOR Y HAMBRE

¿Qué precio están dispuestos a pagar los miembros de una pareja por mantener su relación?

SEGURAMENTE, ALGUNA VEZ hemos experimentado un conflicto inducido por alguna circunstancia de nuestro entorno social. ¿Debo quedarme a cuidar a mi madre esta noche en su cumpleaños o salir de cena con mi pareja en nuestro aniversario? Lo que decidamos en esas y otras situaciones puede sin duda afectar nuestra vida personal y social presente y futura.

Por supuesto, unas relaciones sociales en buen estado son fundamentales para nuestro bienestar, pero también para el bienestar, e incluso la supervivencia, de otras especies de animales sociales. Estas especies se extienden desde algunos reptiles a las aves y los mamíferos, y todas han desarrollado comportamientos especializados para crear y mantener lazos sociales.

No obstante, la magnitud de la importancia que posee el mantenimiento de unas buenas relaciones con otros miembros de la misma especie, y también con la pareja en aquellas especies que establecen relaciones estables entre machos y hembras, no es bien conocida. ¿Qué precio están dispuestos a pagar los miembros de una pareja por mantener su relación? ¿Estarían dispuestos incluso a pasar hambre, si fuera necesario?

Para intentar aumentar el conocimiento sobre esta cuestión, investigadores de la Universidad de Oxford, en el Reino Unido, y del Instituto Max Plank de Ornitología, en Alemania, llevan a cabo unos interesantes experimentos con una especie de pajarillo llamado carbonero común (*Parus major*)[1]. Este pajarillo, de talla similar a la de un gorrión, está muy extendido por Europa y Asia, es monógamo, y no es migratorio, por lo que resulta relativamente fácil de estudiar en libertad.

Durante los últimos meses del invierno, en preparación de la época reproductora en primavera, las parejas de carboneros buscan comida juntos, estrechando así su relación, lo que beneficiará sin duda el cuidado de la prole. Aprovechando este comportamiento, los investigadores introducen un conflicto en la pareja entre la alimentación y la compañía. Para ello, en primer lugar, colocan diez estaciones de alimentación en un área de cerca de un kilómetro cuadrado. Una vez los carboneros las visitan con frecuencia para alimentase, los investigadores equipan a las estaciones con un motor y un receptor de radiofrecuencia que abre o cierra la compuerta que da acceso al alimento. Al mismo tiempo, equipan a los pajarillos con un pequeño emisor de radio, en forma de anilla en la pata, capaz de emitir una señal que abre las compuertas de la mitad de las estaciones de alimentación, pero no de la otra mitad. A partir de ese momento, cada pajarillo solo podrá alimentarse en la mitad de las estaciones; la otra mitad le estará prohibida.

PAREJAS INCOMPATIBLES

Los emisores son instalados al azar a todos los pajarillos del estudio, de manera que se consigue dividir las parejas en dos clases: las "compatibles", con emisores que abren las compuertas de las mismas estaciones de alimentación, y las "incompatibles", con emisores que abren las compuertas de estaciones de alimentación diferentes. Solo las parejas "compatibles" podrán seguir alimentándose juntas. Las parejas "incompatibles" tendrán, en principio, que alimentarse por separado.

Gracias a los emisores, los investigadores pueden también conocer dónde se encuentran los pajarillos y el tiempo que dedican a alimentarse en uno u otro sitio. Por supuesto, los carboneros dedican más tiempo en áreas cercanas a las estaciones de alimentación permitidas, en comparación con las prohibidas. Sin embargo, los pajarillos de parejas "incompatibles"

1 Firth et al., 2015, Experimental Evidence that Social Relationships Determine Individual Foraging Behavior. Current Biology 25, 1–6 December 7, 2015. http://dx.doi.org/10.1016/j.cub.2015.09.075

dedicaron 3,8 veces más tiempo de su actividad cerca de las estaciones prohibidas que los de las parejas "compatibles".

Este dato indica que los carboneros "incompatibles" acompañaban a su pareja a estaciones de alimentación donde ellos no podían alimentarse, asumiendo el coste de la energía de llegar hasta ellas y el tiempo perdido para alimentarse. Esto puede parecer muy humano, pero los pajarillos no poseen nuestra capacidad de análisis ni de planificación, y cuando acompañan a su pareja no es, probablemente, porque crean que luego esta les acompañará a ellos a una estación donde puedan alimentarse, sino, simplemente, es el comportamiento que "les pide el cuerpo" sin esperar nada a cambio.

No obstante, si algo es propio del comportamiento animal es la adaptación a nuevas circunstancias. Las estaciones de alimentación empleadas por los investigadores tardan dos segundos en cerrar la compuerta una vez detectan a un pajarillo "prohibido" cerca. Como uno de los miembros de las parejas "incompatibles" sí puede comer en una estación permitida para él, cuando este deja de comer, su compañero aún tiene dos segundos para acercarse rápidamente y comer una pequeña "tapa". Este comportamiento se produjo en alrededor del 20% de las parejas "incompatibles". Además, los datos indican que el miembro de la pareja con permiso para comer en una estación dada era capaz de ayudar a su pareja a realizar esta "pillería" con más frecuencia.

Sea como fuere, acompañar a su pareja "incompatible" implicó también relacionarse con otros miembros de su especie con los que no se hubiera relacionado de no acompañarla. Así, aunque las circunstancias obligaban a algunas parejas a separarse, estas se resistían a ello y, como consecuencia, se establecían otras relaciones sociales que de otro modo no se hubieran establecido. Esta situación, evidenciada con esta especie de ave, es claramente similar a la encontrada en nuestra especie, ya que seguir junto a nuestra pareja a veces conlleva cambios de residencia y de relaciones sociales muy importantes.

En resumen, estos estudios indican que ya en las aves sociales es prioritario mantener las relaciones de pareja frente a la comodidad de obtener alimento, lo cual puede parecer lo más normal del mundo, pero ha necesitado de millones de años de evolución para aparecer en la historia de la vida.

15 de noviembre de 2015

DESARROLLO DEL SENTIDO DE JUSTICIA

La idea y normas de justicia varían ampliamente en diversas sociedades

CREO NO EQUIVOCARME al afirmar que una característica de nuestra especie es el sentido de la justicia. Evaluar lo que es justo y lo que no, es una constante en nuestras vidas que nos acompaña desde la más tierna infancia.

Aunque muchos puedan creer que el sentido de la justicia reside en el "espíritu humano" y que, por consiguiente, todos lo poseemos por igual por el mero hecho de ser humanos, esta creencia no es cierta. Los estudios de psicología social realizados sobre lo que los humanos consideramos o no justo han revelado que la idea y normas de justicia varían ampliamente en diversas sociedades, lo que indica que existe un componente cultural que modula la idea de justicia. Por otro lado, no parece que nazcamos ya con la capacidad de discernir lo justo de lo injusto, sino que esta capacidad, como la de andar o la de correr, aparece en algún momento del desarrollo de los niños y va madurando con la edad.

La capacidad de discernir lo justo de lo injusto desempeña una función fundamental para mantener la cooperación en las sociedades humanas. Comprender qué factores determinan el sentido de la justicia puede resultar de una enorme importancia a la hora de intentar conseguir lo que tantos y tantos millones de personas deseamos: un mundo más justo. Y es que la injusticia no solo proviene del reparto desigual de los recursos, sino de nuestra percepción subjetiva del reparto, incluso cuando este puede resultar equitativo.

Para avanzar en la comprensión de cómo los humanos desarrollamos el sentido de la justicia, investigadores de varias universidades estadounidenses, que incluyen las de Boston, Harvard y Yale, así como varias universidades canadienses, estudian cómo se desarrolla el sentido de la justicia en 1.732 niños de 4 a 15 años de edad de siete países diferentes[1]. En el estudio, los niños son colocados en parejas, y a cada uno de ellos se le ofrece un número de golosinas. A uno de los niños se le otorga el poder de decidir si acepta las golosinas o no. Si las acepta, los dos reciben la recompensa establecida por los investigadores; si no las acepta, ninguno recibe nada. Así, puede ofrecerse una golosina a cada niño, un reparto equitativo, o cuatro golosinas a uno y solo una al otro, un reparto a todas luces injusto.

De este modo, el niño de la pareja con poder de decidir puede enfrentarse a tres situaciones: un reparto equitativo (1:1), un reparto injusto desventajoso para él (1:4) y un reparto injusto ventajoso para él (4:1). En cada una de estas situaciones puede decidir aceptar las golosinas o rechazarlas, en cuyo caso esto supondrá una pérdida para él, puesto que no obtendrá nada cuando, como mínimo, podría obtener una golosina. Rechazar una determinada oferta puede así darnos una idea de la aversión que el niño muestra por la injusticia, tanto si le perjudica como si le beneficia.

Aversión a la injusticia

Los niños participantes en el estudio procedían de EE.UU., Canadá, India, México, Perú, Senegal y Uganda. Todos los niños, fuere cual fuere el país de procedencia, rechazaron las ofertas que les colocaban en una situación injusta desventajosa para ellos. Sin embargo, solo los niños de tres países, EE.UU., Canadá y Uganda, rechazaron también las ofertas que les colocaban en una situación ventajosa con respecto a su pareja.

Estos datos, publicados en la revista *Nature*, indican que la aversión por la injusticia que nos causa una desventaja parece ser una característica humana más universal que el rechazo de una situación injusta que nos proporciona una ventaja. Sin embargo, la intensidad del rechazo de la situación desventajosa dependió de la edad de los niños y del país de

1 Blake, P. R. et al. Nature http://dx.doi.org/10.1038/nature15703 (2015).

procedencia. Los niños de solo 4 a 6 años de edad procedentes de Canadá y EE.UU ya fueron capaces de perder su golosina con tal de evitar una situación injusta desventajosa para ellos. Sin embargo, en claro contraste con sus compañeros norteamericanos, los niños mexicanos solo demostraron esta capacidad a partir de los 10 años de edad.

Esta discrepancia apunta a razones culturales. No obstante, los investigadores desconocen cuáles pueden ser estas razones y especulan con la posibilidad de que bien el sentido de justicia se desarrolla de manera diferente en distintas culturas, bien el rechazo de la oferta desventajosa no tiene tanto que ver con la injusticia como con preservar un estatus social y una imagen ventajosa con respecto a potenciales competidores. En este sentido, las sociedades más competitivas, como EE.UU. y Canadá, fueron las que más temprano mostraron estás tendencias en los niños.

Menos claras todavía son las razones por las que la aversión por la injusticia ventajosa solo aparece en niños de tres de los siete países estudiados. Esta aversión aumenta con la edad y solo aparece en la pre adolescencia, no en la infancia. Para explicar este hecho, los investigadores especulan con la posibilidad de que las sociedades occidentales hagan más hincapié en la igualdad que las de otros países. El caso de Uganda podría explicarse porque los niños del estudio han sido educados por profesores occidentales, que les habrían transmitido esos valores.

Sea como fuere, es claro que el desarrollo del sentido de la justicia depende de factores sociales que pueden fomentarlo incluso cuando ser justos supone una desventaja para nosotros. Este último sentido de justicia, tal vez el más importante para conseguir realmente la justicia en el mundo, posiblemente necesita del estímulo de la comunicación de valores que no todas las sociedades fomentan por igual. Aunque queda mucho trabajo por hacer para averiguar cuáles son esos valores y si otros factores sociales podrían explicar la aparición de la aversión por la injusticia ventajosa, quedan pocas dudas de que la justicia debe ir de la mano de la educación probablemente desde la infancia.

22 de noviembre de 2015

principales [illegible] procedentes de [illegible] y [illegible] fueron capaces de [illegible] principal [illegible] [illegible] ventajosa para ellos. Sin embargo, en claro contraste con sus [illegible] [illegible] de los 10 años de edad.

[illegible] No obstante, los [illegible] especialmente con [illegible] se desarrolla de manera [illegible] presente para estas sociedades [illegible] de más [illegible] Estados Unidos [illegible] que [illegible] estas tendencias [illegible]

[illegible] que [illegible] de [illegible] con la probabilidad de que las sociedades [illegible] de [illegible] que [illegible] han sido [illegible] que [illegible]

[illegible] y que pueden [illegible] cuando se [illegible] para [illegible] de la [illegible] las sociedades [illegible] para [illegible] explicar [illegible] de la [illegible] probablemente [illegible]

EVOLUCIÓN HUMANA DE ANATOLIA A EUROPA

Se ha producido una explosión en el número de muestras fósiles cuyo ADN ha podido ser estudiado

LA EVOLUCIÓN HUMANA aún guarda numerosos secretos. La información obtenida a partir de los restos fósiles de nuestros ancestros es limitada, y no es, en general, posible averiguar cuándo sucedieron las adaptaciones más importantes que dieron origen al ser humano moderno.

Afortunadamente, los avances tecnológicos no solo suceden en el campo de la informática o la telefonía móvil, y atañen a todas las áreas de la ciencia, incluida la Biología Molecular y la Genética. Estos avances han sido particularmente importantes en el campo de la secuenciación del ADN, gracias principalmente al proyecto genoma humano.

Es la técnica de secuenciación del ADN la que permite extraer la información de los genomas de animales y plantas y compararlos entre sí. Podemos ahora comparar los genomas completos de humanos, chimpancés, gorilas y otras especies de primates. Puesto que todos los primates derivan de un ancestro común, las diferencias en la secuencia de ADN de las distintas especies permiten deducir el genoma de dicho ancestro y postular la cronología de los cambios genéticos que han conducido a las diversas anatomías, modos de vida, desarrollo de la inteligencia, etc., de las especies estudiadas.

Del mismo modo, la evolución humana más reciente se ha estudiado comparando los genomas de personas de diferentes razas o poblaciones, todas las cuales también derivan de un ancestro común. De este modo, se puede intentar deducir qué cambios genéticos han conducido hasta lo que somos hoy.

Sin embargo, este modo de proceder tiene sus limitaciones ya que, por mucho que nos empeñemos, nunca podremos llegar a conocer a ciencia cierta si el genoma que hemos deducido para nuestro ancestro es realmente como creemos. Para conocerlo, sería necesario acceder a su ADN, perdido para siempre en la noche de los tiempos.

¿Para siempre? ¡No! Al menos no en todos los casos. Resulta que el ADN de los restos fósiles más recientes de miembros de nuestra especie ha resistido, al menos en parte, a las inclemencias del tiempo que pretendían destruirlo. Un equipo internacional de investigadores, dirigidos por científicos de la Universidad de Harvard, ha analizado la información extraída del genoma recuperado de 230 restos fósiles, de entre 3.000 y 8.500 años de antigüedad, perteneciente a personas que vivieron en lo que hoy es Europa y Turquía[1].

Este banco de datos de genomas fosilizados de nuestros ancestros recientes ha podido ser elaborado gracias tanto a las nuevas técnicas de secuenciación, que permiten secuenciar genomas enteros en cuestión de días, como a las nuevas técnicas de extracción de ADN de restos fósiles. Solo hace algo más de un año se ha producido una explosión en el número de muestras fósiles cuyo ADN ha podido ser estudiado. En parte esto es debido a la extracción de ADN de la parte pétrea del hueso temporal, que alberga al oído interno. De esta parte fosilizada ha llegado a extraerse setecientas veces más ADN que de otros huesos fosilizados, incluidos los dientes, que eran una buena fuente de ADN antiguo.

GENES DE LA MODERNIDAD

Los investigadores han sido así capaces de averiguar qué genes son los que más variación han sufrido desde que la Humanidad dejó atrás la etapa de cazador-recolector e inició la etapa de la agricultura y la ganadería. ¿Cuáles son los genes que, en tan solo unos pocos miles de años nos han convertido en los humanos actuales?

Y bien, no son pocos. La comparación del ADN de los restos fósiles con los de humanos modernos revela que se han producido sustanciales

1 Iain Mathieson et al. Genome-wide patterns of selection in 230 ancient Eurasians. Nature (2015). http://www.nature.com/nature/journal/vaop/ncurrent/full/nature16152.html

variaciones, es decir, mutaciones, en los genes que afectan a la altura (somos más altos que nuestros ancestros), a la capacidad para digerir leche en la edad adulta; en genes que regulan el metabolismo de las grasas, en los que regulan los niveles de vitamina D (que puede disminuir en latitudes norteñas por falta de sol) y, por supuesto, los que afectan a la pigmentación de la piel, el pelo y el color de los ojos. También se han producido cambios en genes que pueden conducir a desarrollar la enfermedad celiaca (intolerancia al gluten de algunos cereales) pero que, curiosamente, son importantes para adaptarse a una dieta agrícola.

Igualmente interesante resulta el hecho de que se produjeron cambios en genes que tienen que ver con el funcionamiento del sistema inmune. Esto es coherente con el hecho de que el uso de la agricultura conllevara un importante aumento de la población, con el consiguiente incremento de riesgo de contagio de enfermedades infecciosas y parásitos, y que el empleo de la ganadería también conllevara un contacto más estrecho con animales que podían transmitirnos serias enfermedades. Al parecer, aquellos mutantes que mejor pudieron defenderse de esos riesgos de infección son los que transmitieron sus genes con mayor frecuencia a las siguientes generaciones, hasta llegar a nuestros días.

El estudio de los genomas antiguos y su relación entre sí ha permitido igualmente confirmar que los primeros agricultores europeos llegaron a Europa desde Anatolia, la parte asiática de la moderna Turquía. Ellos fueron los que hicieron llegar la llamada Revolución del Neolítico al ahora llamado Viejo Continente, que por aquella época era, no obstante, bastante nuevo.

Como aún es frecuente que suceda, este estudio es solo el principio de lo que se espera pueda realizarse en el futuro. Los investigadores creen que es necesario analizar muchos más de estos fósiles humanos, no solo en Europa y Asia Menor, sino en todas las partes del mundo, lo que podrá confirmar la información obtenida y conseguir nuevos datos que permitirán, tal vez, reconstruir mejor la historia que nos condujo de la antigüedad más anodina a las más altas cotas de la miseria de la modernidad actual, como quizá hubiera dicho el gran Groucho Marx.

29 de noviembre de 2015

LA FLORA QUE SURGIÓ DEL FRÍO

Los ratones carentes de flora resisten peor al frío

LA INVESTIGACIÓN SOBRE ciertos temas científicos adquiere, en ocasiones, tintes de moda, y numerosos grupos de investigación se interesan en ellos durante unos años. Puede que luego el impulso cese, pero mientras tanto se producen interesantes e importantes avances. Uno de los temas científicos de moda últimamente es el microbioma, más conocido como flora intestinal.

He mencionado en más de una ocasión que nuestros intestinos albergan diez bacterias por cada célula de nuestro cuerpo, por lo que otra visión posible del ser humano es la de un saco de transporte y alimentación de esos microorganismos. Aunque poco poética, en demasiados casos esta visión no deja de tener tintes de realidad.

Al igual que acondicionamos nuestra casa para hacer frente a cambios estacionales o económicos, cabría esperar que, de ser nuestros cuerpos realmente la morada de las bacterias intestinales, estas, lejos de ser meros agentes pasivos, deberían también actuar para acondicionar su "casa", de modo que esta haga frente mejor a las contingencias del entorno. Al fin y al cabo, su supervivencia depende en gran medida de la supervivencia de su "casa", es decir, de nosotros mismos, por lo que a las bacterias les interesa colaborar con nosotros para su propio beneficio.

Este estado de cosas puede haberse generado a lo largo de la evolución conjunta de bacterias intestinales y seres humanos. Ambos habríamos evolucionado en consonancia hasta conseguir una situación beneficiosa, incluso óptima. A favor de la co-evolución de humanos y bacterias intestinales se encuentra el hecho de que numerosas patologías van asociadas a anomalías de la flora intestinal, incluidas el asma, la artritis, el autismo y la obesidad. Esto indica que la composición de la flora, el número y clase de especies bacterianas, afecta a su propia "casa", al menos de manera negativa cuando esta composición no es la correcta.

Precisamente, el efecto de la flora sobre el desarrollo de la obesidad es un tema de particular interés. Hace poco, un grupo de investigadores publicó en la revista *Cell*[1] que un mismo alimento podía ejercer muy diferentes efectos sobre los niveles de glucosa en sangre y, por tanto, sobre el riesgo de desarrollar obesidad y diabetes, de acuerdo a la flora intestinal que los individuos poseyeran.

En el desarrollo de la obesidad participa, como es conocido, el tejido adiposo, el encargado de almacenar grasa. Sin embargo, investigaciones recientes han revelado que este tejido adiposo almacenador de grasa, llamado tejido adiposo blanco debido a su color, puede convertirse, en respuesta a algunos estímulos hormonales o externos, en un tejido adiposo "quemador" de grasas. Este último tipo de tejido, llamado tejido adiposo marrón o beige, es más abundante en los animales recién nacidos, ya que es el encargado de generar calor para mantener una temperatura corporal adecuada cuando los mecanismos del temblor muscular aún no se han desarrollado. Además, su formación puede incrementarse en los animales adultos cuando estos son sometidos al frío, o en respuesta a ejercicio físico continuado.

Frío adelgazante

Puesto que la flora intestinal participa en el desarrollo de la obesidad y ambos tipos de tejido adiposo parecen también afectarla, investigadores de varios centros de investigación suizos estudian ahora si la flora intestinal no tendría también algún efecto en la generación de tejido adiposo marrón en respuesta al frío, frío que gusta bien poco a las bacterias, ya que disminuye drásticamente su velocidad de reproducción.

1 Chevalier et al., Gut Microbiota Orchestrates Energy Homeostasis during Cold. Cell (2015), http://dx.doi.org/10.1016/j.cell.2015.11.004

Los investigadores eliminan la flora intestinal de ratones de laboratorio con antibióticos y los someten a temperaturas frías (6°C) por diez días. Los ratones carentes de flora resisten peor al frío, absorben menos nutrientes a través del intestino, pierden peso, y muestran temperaturas corporales más bajas que los ratones no tratados con antibióticos y que, por consiguiente, mantienen su flora intacta.

La exposición al frío de ratones no tratados con antibióticos, por otra parte, modificó la composición de su flora intestinal. Estos ratones perdieron también peso durante los primeros días de exposición al frío. No obstante, tras tres semanas de exposición al frío, el peso de los ratones se estabilizó. Posiblemente, la cantidad de nutrientes absorbida por el intestino se incrementaba para conseguir la energía requerida en el mantenimiento de la temperatura corporal, pensaron los investigadores.

Para comprobar que la flora intestinal era la responsable, al menos en parte, de estos efectos de adaptación al frío, los investigadores trasplantan la flora intestinal de los ratones sometidos a bajas temperaturas a ratones criados a temperatura normal en un ambiente estéril, los cuales carecen de flora intestinal. De este modo, los investigadores descubren que la flora de los ratones sometidos al frío, inicialmente, mejora la sensibilidad a la insulina, baja los niveles de glucosa en sangre, hace perder peso e incrementa la cantidad de tejido adiposo marrón. Sin embargo, tras varias semanas, la misma flora intestinal trasplantada causa un cambio importante en la fisiología del intestino, ya que aumenta la superficie del mismo y, en efecto, conduce a un incremento de la absorción de nutrientes, necesarios para hacer frente a la mayor demanda energética en respuesta al frío.

Estos datos indican que, como se pensaba, la flora intestinal acondiciona su "casa" en respuesta al frío, al menos. Este acondicionamiento ejerce profundos efectos sobre nuestra fisiología, que no solo pueden ser beneficiosos para nosotros sino, sobre todo, para las bacterias que albergamos. Queda aún mucho por investigar antes de que podamos atrevernos a modificar nuestra flora de manera que esta modificación nos beneficie más a nosotros que a ella misma.

6 de diciembre de 2015

DISEÑADAS PARA MORIR

Se trata de generar, por ingeniería genética, organismos de diseño capaces de realizar nuevas funciones

LA CREACIÓN DE vida artificial es un tema reiterado en muchas obras de ciencia-ficción, posiblemente iniciado por la obra de Mary Shelley, Frankenstein. Estas obras literarias o cinematográficas no solo son interesantes por suscitar el tema de la creación de vida en sí, sino porque la vida, una vez creada por el ser humano, parece siempre escapar a los designios e intenciones de su creador. Esta "rebelión de la vida" aparece una y otra vez en estas historias hasta nuestros días, como se puede comprobar en las películas de la serie Parque Jurásico: "la vida se abre camino", afirma lapidariamente uno de los protagonistas. El camino parece ser, lamentablemente, el de rebelarse contra su creador, de manera similar a cómo el Diablo se rebeló contra Dios, según cuentan los que estuvieron allí...

Aunque la tecnología actual se encuentra lejos de poder generar vida a partir de moléculas simples, no es menos cierto que ya es posible modificar a organismos sencillos (y no tan sencillos) para conferirles propiedades que no se encuentran en la Naturaleza, y que pueden ser de utilidad. Esta modalidad de la biotecnología se denomina Biología Sintética. Como su nombre indica, se trata de generar, por ingeniería genética, organismos de diseño capaces de realizar nuevas funciones. Por ejemplo, se pueden diseñar bacterias que emiten luz por fluorescencia cuando detectan ciertos niveles de determinadas sustancias en el ambiente, como pueden ser una toxina, un explosivo o una sustancia contaminante, por ejemplo.

Por supuesto, estos organismos de diseño pueden no ser siempre todo lo obedientes e inocuos que deseamos y abrirse un camino para rebelarse contra su creador y causarle daño. Por esa razón, conviene no solo crearlos para que cumplan una misión muy concreta, sino diseñarlos también para que, cuando la hayan cumplido, puedan ser eliminados de manera segura. Este proceder puede parecer poco agradecido, pero es que, sin duda, la muerte impide toda rebelión.

En los últimos años, los investigadores han ido ideando diversas maneras de garantizar la seguridad de los organismos sintéticos. A principios de este año, dos equipos de investigación mostraron que era posible modificar genéticamente a la bacteria *Escherichia coli* de manera que, para vivir, esta necesitara de un aminoácido sintético no presente en la Naturaleza. La bacteria así modificada no puede producir el aminoácido, que debe ser incorporado a su medio nutritivo por los investigadores para permitirle crecer. En ausencia de este aminoácido, la bacteria muere.

DEADMAN Y PASSCODE

Este sistema parece muy seguro, pero tiene al menos dos problemas. El primero es que se basa solo en un factor: la ausencia de un aminoácido esencial para esas bacterias. Un solo factor, por seguro que sea, puede ser superado con más facilidad que dos o tres factores conjuntos. En otras palabras, la bacteria modificada solo requiere una "llave" para abrir la puerta hacia su supervivencia. Esta sería más difícil de conseguir si la bacteria necesitara dos, tres, o incluso cuatro llaves para conseguirla. El segundo problema con el que se enfrenta este sistema es que nos veríamos limitados a utilizar esta bacteria modificada para modificarla de nuevo subsiguientemente y generar con ella bacterias sintéticas con nuevas propiedades. Sin embargo, *E. coli* no es la única especie de bacteria que puede resultar útil modificar genéticamente para conferirle nuevas funciones y, para utilizar estas otras especies, habría primero que "asegurarlas" impidiéndoles crecer en ausencia del aminoácido sintético, lo que no es tarea fácil, ya que requiere una extensa modificación genética[1].

1 http://jorlab.blogspot.com.es/2013/12/organismos-recodificados.html.

Por estas razones, investigadores del Instituto de Tecnología de Massachusetts han desarrollado una estrategia diferente para generar lo que ellos llaman "interruptores de muerte" seguros. Los investigadores generan dos de estos interruptores, a los que llaman *Deadman* y *Passcode*[2].

Deadman está basado en la idea de que algo funcione solo si se está continuamente haciéndolo funcionar, es decir, evitar el automatismo. En el caso de las bacterias, estas deben ser expuestas continuamente a una sustancia sintética no presente en la Naturaleza, o de otro modo morirán. La sustancia, en este caso, es anhidrotetraciclina. En ausencia de esta sustancia, la bacteria producirá una toxina que le inducirá su propia muerte.

Para conseguir esto, los investigadores incorporan dos nuevos genes en el genoma de la bacteria, que llamaremos A (antídoto) y T (toxina). Cuando T funciona, mata a la bacteria. Afortunadamente, T solo funciona en ausencia de A. Si A funciona, impide a T actuar y matar.

La bacteria *Deadman*, en condiciones normales, tendría a T siempre funcionando, por lo que no podría sobrevivir. Sin embargo, en presencia de anhidrotetraciclina, el gen A se pone a funcionar y el gen T, al contrario, se "apaga", lo que permite la supervivencia de la bacteria.

El sistema *Passcode* es aún más sofisticado, ya que para impedir que funcione el gen T es necesario que funcionen a la vez otros dos genes, que podemos llamar A1 y A2, para lo que es necesario proporcionar dos sustancias artificiales diferentes. La ausencia de cualquiera de estas dos sustancias conduciría a la muerte de la bacteria.

Estos llamados interruptores genéticos de la muerte tienen la ventaja de que pueden ser amplificados a voluntad (por ejemplo, podríamos necesitar tres, cuatro o más sustancias para permitir sobrevivir a la bacteria) y pueden ser empleados en diferentes especies bacterianas, lo que extiende la posibilidad de generar organismos de diseño sintéticos con seguridad. Una nueva era biotecnológica segura se abre, poco a poco, un camino.

13 de diciembre de 2015

---

2 Referencia: C.T.Y. Chan et al., "'Deadman' and 'Passcode' microbial kill switches for bacterial containment," Nature Chemical Biology doi:10.1038/nchembio.1979.

Por estas razones, investigadores del Instituto de Tecnología de Massachusetts han desarrollado una [illegible] para [illegible] que ellos [illegible] [illegible] [illegible] [illegible] [illegible] que [illegible] y [illegible]

[illegible] [illegible] [illegible] [illegible] [illegible] [illegible] [illegible] [illegible] [illegible]

[illegible] [illegible] [illegible] [illegible] [illegible]

[illegible] [illegible] [illegible] [illegible] [illegible] [illegible]

[illegible] [illegible] [illegible] [illegible] [illegible]

[illegible] [illegible] [illegible] de la muerte [illegible] [illegible] [illegible] [illegible] [illegible] [illegible] [illegible] [illegible] [illegible] [illegible] [illegible]

[illegible]

[illegible] [illegible]

INFORMACIÓN OCULTA EN EL LENGUAJE

El lenguaje comunica información implícita según el grado en que es concreto o abstracto

CREO NO EQUIVOCARME al afirmar que cuando hablamos con otras personas, además de desear comunicarles lo que nos interesa o preocupa, intentamos al mismo tiempo ocultar información sobre aquello que no deseamos que averigüen. Hablar con otro es siempre ocultarnos un poco.

Sin embargo, al hablar es imposible ocultar toda la información que no deseamos comunicar. Además de la verbal, transmitimos información no verbal. Esta es difícil de controlar para la mayoría de nosotros, y puede traicionarnos y comunicarle al otro algo que no queremos que sepa.

Además, la comunicación no verbal no es la única que transmite información adicional al interlocutor. Resulta que, aunque pocos son conscientes de ello, el propio lenguaje contiene también información no verbal, es decir, información no especificada por el sentido de las palabras, sino por el estilo que usamos para comunicarnos.

Es conocido por los investigadores en psicología del lenguaje que este comunica información implícita según el grado en que es concreto o abstracto. Por ejemplo, no es lo mismo decir "Pedro insultó a Mariano" que decir "Pedro es un macarra". En el primer caso, nos referimos a un suceso concreto, posiblemente aislado, en el que no juzgamos ni calificamos a nadie. En el segundo, en cambio, hacemos abstracción del carácter de Pedro y lo calificamos de macarra, lo cual es ya una propiedad de su personalidad, continuada en el tiempo, de la que inferimos que su comportamiento inadecuado probablemente podrá volver a repetirse.

La investigación ha demostrado que el nivel de abstracción o concreción de nuestro lenguaje comunica información sobre diversos contextos. Por ejemplo, tendemos a utilizar un lenguaje abstracto para describir las cualidades positivas de personas que pertenecen a nuestro grupo de familiares o amigos. "Juan es simpático", "Paco es generoso" son frases utilizadas más frecuentemente con quien consideramos "de los nuestros". Al contrario, utilizamos un lenguaje concreto (ej. Paco no me ayudó ayer) para referirnos a cualidades poco deseables de "los nuestros". En contraposición, solemos usar un lenguaje abstracto para referirnos a cualidades negativas de quienes no son de "los nuestros", y un lenguaje concreto para referirnos a sus cualidades positivas. A este fenómeno se le ha dado el nombre de sesgo lingüístico intergrupal.

¿A QUÉ TRIBU PERTENECES?

He mencionado en otras ocasiones que el ser humano es una animal tribal. Hemos evolucionado perteneciendo a una u otra tribu, y solo hemos sobrevivido gracias a ello. Conocer a qué grupo puede pertenecer nuestro interlocutor sigue siendo, en ocasiones, cuestión de vida o muerte, y es siempre cuestión de éxito o fracaso social.

Investigadores del Departamento de Psicología de la Universidad de Chicago deciden estudiar si el empleo de lenguaje abstracto o concreto por los interlocutores es tomado en consideración para inferir información sobre la pertenencia social de aquel a quien estos se refieren. ¿Somos capaces de averiguar algo más sobre Pedro o Mariano analizando el estilo de lenguaje utilizado por quien nos comunica algo sobre ellos?

Los científicos realizan experimentos para averiguarlo[1]. En uno de ellos, los participantes voluntarios fueron informados de que iban a leer un texto sobre una persona desconocida, a la que llamaremos Smith. A la mitad de ellos se les hizo creer que Smith era republicano, y la otra mitad, que era demócrata.

---

1 Referencia: Shanette C. Porter et al. (2015). Inferring Identity From Language: Linguistic Intergroup Bias Informs Social Categorization.
http://pss.sagepub.com/content/early/2015/12/04/0956797615612202.abstract

El texto describía la conducta de Smith, bien amable, bien grosera, y bien en términos abstractos (Smith es un malcriado; Smith es simpático), bien en términos concretos (Smith me ayudó el otro día; Smith no quiso saludarme ayer). Una fracción de los participantes leyó un texto en el que se describía la conducta amable de Smith en términos abstractos y su conducta grosera en términos concretos. Otros participantes leyeron un texto en el que, al contrario, la conducta amable de Smith se describía en términos concretos, y su conducta grosera en términos abstractos.

Los resultados de este experimento demostraron que los participantes eran sensibles al estilo de lenguaje utilizado para inferir si Smith pertenecía o no al mismo grupo social que el autor del texto. Cuando las cualidades favorables de Smith eran descritas en lenguaje abstracto, los participantes concluían que Smith pertenecía al mismo grupo social que el autor. En cambio, quienes leían el otro texto, en el que las cualidades desfavorables de Smith eran descritas en lenguaje abstracto, concluían que Smith y el autor del texto pertenecían a grupos sociales diferentes. Lo anterior sucedía de manera independiente a que el lector creyera que Smith era demócrata o republicano.

Así pues, estos estudios indican que, incluso si no lo hacemos de manera consciente, analizamos el estilo del lenguaje de nuestros interlocutores para extraer información adicional socialmente pertinente sobre aquellos de quienes nos hablan, y sobre el propio interlocutor. Además, estos estudios, publicados en la revista especializada sobre Psicología más importante del mundo, *Psychological Science*, demuestran que esta información incide en si nuestro interlocutor nos resulta simpático o antipático, de acuerdo a si lo clasificamos en un grupo social similar o diferente del nuestro.

Esta investigación, sin duda, proporciona nueva información sobre la manera en que aquellos que desean comunicar algo a una audiencia, o a una persona particular, deben presentarlo. De acuerdo a lo que se desprende de este estudio, le diré que es usted muy amable por haber leído hasta este punto y que no cabe duda de que los amantes de la ciencia pertenecen a una "tribu" muy especial de personas curiosas, inquietas e inteligentes. Espero que en el futuro no solo desee seguir perteneciendo a ella, sino que también contribuya a que sea cada vez más numerosa.

20 de diciembre de 2015

MOLÉCULAS QUE SIENTEN Y ACTÚAN

La ingeniosidad de este mecanismo reside en que la detección se produce por dos moléculas diferentes

UNA DE LAS características de los seres vivos es su capacidad de detectar cambios en el entorno y reaccionar frente a ellos. Sería interesante poder utilizar esta característica y rediseñarla para que las células detecten lo que pueda interesarnos, y respondan a eso que han detectado de manera acorde a nuestros intereses.

La reciente disciplina de la Biología Sintética intenta desarrollar nuevos mecanismos biomoleculares que ejerzan funciones aún no presentes en la Naturaleza. Esta idea puede parecer extraña, ya que hablamos de vida y no de máquinas artificiales, como coches, aviones u ordenadores, a los que podemos rediseñar y programar. Sin embargo, las células son máquinas naturales que funcionan de acuerdo a programas cuya información está almacenada en el ADN. Estos programas pueden ser modificados de manera artificial, si editamos el ADN de la célula con el ingenio suficiente para conferirle una nueva capacidad.

Por ejemplo, podríamos tal vez dotar a las células de plantas o animales de mecanismos sensores que les permitieran detectar y reaccionar a la infección por un virus, o frente a una mutación que las pueda convertir en cancerosas, de manera a impedir la dispersión de la infección a otras células, o a impedir el establecimiento de un tumor. En nuestro caso, estos mecanismos podrían ser ventajosos en diversas células de nuestro cuerpo, diferentes de las de la línea germinal, es decir, de las células reproductoras, de manera que la modificación genómica no se transmitiese de generación en generación si no lo deseamos.

Recientemente, dos investigadores del Instituto de Tecnología de Massachusetts, EE.UU. han ideado un mecanismo molecular que permite la detección de un fragmento de ADN dado (por ejemplo el de un virus o el de un cambio cromosómico) y pone en marcha una nueva función molecular. La ingeniosidad de este mecanismo reside en que la detección se produce por dos moléculas diferentes, inofensivas por separado, que al reunirse, gracias al ADN detectado, hacen posible la generación de una molécula que ejerce una nueva función, como puede ser la de producir una toxina que mate a la célula.

Dos procesos

Para diseñar este inteligente mecanismo molecular, los investigadores utilizan dos procesos moleculares naturales y los combinan en un nuevo proceso, el cual, no existe en la Naturaleza hasta que ellos lo idean, claro está[1]. Vamos a ver si podemos explicarlos, porque no son sencillos, tal vez porque sí son muy astutos.

El primer proceso se basa en la existencia de unas proteínas que regulan el funcionamiento de los genes, las cuales poseen unas regiones llamadas dedos de zinc. Estos dedos de zinc (así denominados porque un átomo de zinc actúa como "andamio" entre los aminoácidos para doblar la cadena proteica y dar forma al "dedo") son capaces de unirse, cada uno de ellos, a regiones del ADN con una secuencia concreta de tres letras. Así, un dedo de zinc puede unirse a la secuencia AGC; otro, a la secuencia CTC, etc. Existen cientos de dedos de zinc diferentes en las proteínas naturales. Esto permite la generación de "manos de zinc" de varios dedos, las cuales solo se unirán a las combinaciones de letras formadas por aquellas a las que cada dedo se une. De esta manera, se pueden fabricar genes que produzcan "manos de zinc" artificiales (de las que también las hay naturales) capaces de unirse a solo una secuencia concreta del genoma de una especie, compuesta por 6, 9, 12, 15 o más letras, dependiendo del número de dedos de la mano (que no tienen por qué ser cinco).

1 Shimyn Slomovic y James J. Collins. DNA sense-and-respond protein for mamalian cells. Nature Methods (2015). Vol 12, pp 1085.

El segundo proceso natural que emplean los investigadores es el posibilitado por una familia de enzimas llamados inteínas. Las inteínas catalizan la unión química de sus extremos, los cuales se encuentran separados por una región intermedia. Puesto que son los extremos de las inteínas los que poseen esta actividad catalítica de unión, los investigadores fabrican genes de diseño que producen inteínas inactivas mediante la separación de sus extremos. Uno de ellos es diseñado para producir el extremo izquierdo de la inteína (I_{IZQ}) unido a una proteína (que llamaremos "A"), y otro es diseñado para producir el extremo derecho de la inteína (I_{DER}) unido a otra proteína, que llamaremos B. Las dos mitades de las inteínas (I_{IZQ}-A e I_{DER}-B) son inactivas, como hemos dicho, pero cuando se encuentran por un tiempo pueden catalizar la reacción de unión de sus extremos y en el proceso generar la unión de A y de B para crear la molécula AB, la cual ejercerá una nueva función que ni A ni B separadas pueden ejercer.

Para conseguir que las inteínas se encuentren de manera controlada por un tiempo suficiente, los investigadores añaden a los genes de las inteínas arriba diseñados una región genómica extra con información para producir manos de zinc concretas. De este modo, unen al gen de la inteína I_{IZQ}-A una mano de zinc que detectará una secuencia del ADN de un virus particular, y al gen de la inteína I_{DER}-B otra mano de zinc que detectará una secuencia de ADN contigua a la primera en el ADN de ese virus.

Los genes de estas inteínas de diseño son introducidos ahora en las células donde las proteínas serán producidas. En ausencia de ADN vírico, las inteínas inactivas I_{IZQ}-A e I_{DER}-B no se encontrarán por un tiempo suficiente, pero si el virus infecta a las células, su ADN hará que estas se unan a regiones contiguas del mismo y se encuentren, lo que causará la formación de la molécula AB. Esta molécula podrá ahora, por ejemplo, matar a la célula para evitar la diseminación de la infección, o destruir al virus, de acuerdo a nuestro diseño de AB.

Estos y otros ingeniosos mecanismos biomoleculares van a ser cada vez más frecuentes. No cabe duda de que hemos entrado en una era, casi sin darnos cuenta, de ingeniería biomolecular, la cual va a proporcionarnos muchos beneficios aunque, tal vez, también algunas desagradables sorpresas.

27 de diciembre de 2015

Copiando [illegible] proceso natural que emplean los investigadores es la posibilidad de que una familia de enzimas llamadas [illegible] [illegible] utilizan [illegible] química [illegible] sus extremos [illegible] se encuentran separadas por una región intermedia. Mas [illegible] que son los [illegible] [illegible] los que poseen esta [illegible] [illegible] adecuación [illegible] [illegible] fabrican genes de [illegible] que producen inteínas [illegible] [illegible] mediante la separación de sus extremos, uno de ellos [illegible] la unión de sus extremos y en el [illegible] [illegible] de A [illegible] B para crear la molécula [illegible] [illegible] [illegible] [illegible] [illegible] que [illegible] B separadas puedan [illegible]

Para [illegible] [illegible] [illegible] [illegible] [illegible] de manera [illegible] [illegible] [illegible] [illegible] [illegible] los investigadores añaden a los genes de las proteínas [illegible] diseñados una región genómica extra [illegible] [illegible] [illegible] [illegible] [illegible] [illegible] [illegible] [illegible] [illegible] de la inteína [illegible] [illegible] [illegible] [illegible] [illegible] [illegible] [illegible] [illegible] [illegible] [illegible] [illegible] [illegible] [illegible] [illegible] [illegible] de [illegible] [illegible] [illegible] [illegible] [illegible] [illegible] [illegible] ADN [illegible] a la [illegible] [illegible] [illegible]

Las [illegible] de estas inteínas [illegible] [illegible] [illegible] [illegible] [illegible] [illegible] [illegible] [illegible] [illegible] [illegible] [illegible] [illegible] [illegible] [illegible] B se encontraban por un [illegible] [illegible] pero [illegible] las células su ADN [illegible] que [illegible] de AB.

Este y otros [illegible] [illegible] [illegible] [illegible] van a [illegible] cada vez más [illegible] [illegible] [illegible] [illegible] que hemos [illegible] de [illegible]

Fin del volumen VIII

www.ingramcontent.com/pod-product-compliance
Lightning Source LLC
Chambersburg PA
CBHW060833170526
45158CB00001B/156
* 9 7 8 1 3 2 6 5 2 0 2 7 4 *